三井 康壽

大地震から都市をまもる

信山社

写真：神戸市提供

阪神・淡路大震災（1995年）の被災状況

（平成7年1月17日早朝　新長田周辺の火災）

（鉄道の被害　阪神電鉄）

(御菅東地区菅原商店街　被災状況)

(兵庫区松本地区　被災状況)

(六甲道駅北地区　被災状況)

(住民による救出活動)

(灘区　住宅地の被害)

(新長田駅南地区　被災直後)

(同左　2005年)

はしがき

　日本列島は災害列島である。地震・台風・豪雪・噴火等，さまざまな災害に見舞われることが多い。なかでも地震災害，特に巨大地震災害は途方もない被害をわれわれに及ぼす。この8月11日（2009年）の早朝に起きたマグニチュード6.5の駿河湾地震は東名高速道路の路面崩壊をもたらし，マグニチュード8クラスの巨大地震とされる東海地震の前ぶれなのかと心配された。調査の結果，東海地震との関連はないとされたが，迫り来る巨大地震へのおそれをわれわれに思いおこさせた。

　災害の多いわが国では，国，地方公共団体，企業から国民に至るまで，多くの人々が防災を心がけ，対策に取り組んでいる。

　防災で最も大事なことは人命を守ることである。そして，特に予防が大事である。

　地震に対して強い建物を造ることと，地震によって惹き起こされる火災を防ぐため建物の耐火を進め，延焼しやすい狭い道路に古い木造住宅が密集している地域を解消していくこと等が地震災害に対する予防の要である。地震は台風などと異なり，いつどこで起きるか分らないこともあって，地震に対する恐怖はあっても予防対策には経済的負担や権利関係の複雑さを理由に，耐震化や木造密集地の解消がなかなか進んでいかない。

　わが国は，この1世紀の間に関東大震災と阪神・淡路大震災という巨大地震を経験した。こうした巨大地震は必ず起きると言われている。特に都市化の進んだわが国においては，人口が集中している都市が巨大地震に襲われると，途方もな

い被害をもたらすことになる。既に10年以上も前のこととなってしまったが，阪神・淡路大震災で経験したことを詳らか(つまび)に検証して，巨大地震に備え，防災都市づくりをして都市を守り，人々の人命・財産を守っていかなければならない。

"備え有れば憂い無し"と昔からよく聞かされて知っているつもりなのだが，われわれはほんとうに大地震に対して万全に備えていると言えるだろうか。

毎年9月1日には全国各地で防災訓練が行われ，職場でも家庭でも防災グッズを用意して，いざという時に備えている。

しかし，阪神・淡路大震災での死亡した人の8割が建物の倒壊による即死だったという厳然たる事実は，防災訓練などの日頃の備えで大丈夫だというわけにはいかないのである。

建物の中でタンス，本棚，食器棚などの家具の転倒対策もあわせてしなければならないが，建物の耐震化が最優先されなければならない。さらに倒壊や延焼のおそれの高い木造住宅密集市街地の解消も急がなければならない。

阪神・淡路大震災での経験と教訓を生かすことが強く求められているのである。

ところで，防災対策と都市づくりの基本である都市計画とは二律背反の関係にある。高速道路，道路，河川，鉄道，港湾などは都市計画などで決めていく際は，災害に対して安全であるという安全原則に立っている。これらの施設はそれぞれの安全基準にのっとって造られるのである。

したがってこの安全原則が完全に機能していれば，理論上は，防災対策は不要になることになる。その意味で防災対策は，これらの都市計画が安全ではないという，非安全原則という前提に立たざるを得ないという二律背反を抱えるのである。

阪神・淡路大震災の経験と教訓により初動体制を抜本的に

はしがき

　改善したのは，そうした二律背反を埋める役目を果たそうとするものである。さらに強いていえば，都市計画サイドにおいてこの安全原則の強化を図っていくという意味において事前復興計画が必要となってくるのである。

　本書は，『防災行政と都市づくり』として既に出版している拙著（2007年，信山社，「三井・前著」と略称）の要点をなるべく一般の人たちにも読みやすいようにアレンジしたものである。来るべき大地震に備え，本書が少しでもわが国での地震災害を防ぐために役立てれば幸いである。

　2009年8月

三　井　康　壽

目　次

はしがき

第1　地震は日本中どこでも起こる……………………………… 1
　　（1）関西では地震が起きない？　1
　　（2）危機意識を常に持つ　4

第2　防災の最大の使命は人命………………………………… 9
　　（1）8割が即死——建物の倒壊　9
　　（2）建物の被災状況　10

第3　防災対策のしくみ——災害対策基本法………………… 17
　　（1）日本学術会議　19
　　（2）北海道庁の「非常災害対策の前進」　20
　　（3）全国知事会の建策　20
　　（4）伊勢湾台風による基本法制定のドライブ　21
　　（5）災害対策基本法の意義　22

第4　防災対策のフレーム……………………………………… 25
　1　計　画　論……………………………………………… 25
　2　組　織　論……………………………………………… 27
　　（1）中央防災会議・地方防災会議　27
　　（2）非常災害対策本部　28
　　（3）緊急災害対策本部　28
　　（4）災害対策本部　29
　　（5）非常参集システム　29
　3　情報収集連絡システム………………………………… 30
　　（1）情報通信体系——中央防災無線　30

xi

第5　危機管理——初動体制の改善……………………………………… 33
　　1　危機管理対応への批判……………………………………………… 33
　　　（1）被害状況の把握　33
　　　（2）非常災害対策本部の立ち上げ時期　36
　　2　初動体制改善………………………………………………………… 38
　　　（1）内閣機能の強化　39
　　　（2）即時・多角的情報収集と情報集中　41
　　　（3）迅速活動の確保　44
　　　（4）広域集中体制　48
　　　（5）防災計画の見直し　50

第6　関東大震災と阪神・淡路大震災……………………………………… 53
　　1　関東大震災の教訓…………………………………………………… 53
　　2　阪神・淡路大震災での検証………………………………………… 56
　　　（1）死者，行方不明者　58
　　　（2）焼失面積　59
　　　（3）道路率・公園率　61

第7　耐震改修と木造密集市街地…………………………………………… 65
　　　（1）耐震改修　65
　　　（2）密集市街地法の制定　67
　　　（3）密集市街地法の改正　69
　　　（4）整備地域の基準　72
　　　（5）予防的都市計画への応用　72

第8　復興計画………………………………………………………………… 75

1 復興計画の手法.. 75
2 復興計画の目標.. 76
　（1）迅速性の原則　76
　（2）被災抵抗力の原則　81
　（3）土地利用の合理化・純化と狭義の復興計画論　82
3 復興計画の理想.. 84
　（1）二段階都市計画論とまちづくり協議会　85
4 広義の復興計画と狭義の復興計画.......................... 90
　（1）阪神・淡路復興対策本部　92
　（2）阪神・淡路復興委員会　93
5 兵庫県・神戸市の復興計画................................... 96
　（1）広義の復興計画　96
　（2）狭義の復興計画　98
6 復興都市計画（狭義の復興計画）の類型................... 98
　（1）原状回復・公共施設追加型　101
　（2）コミュニティ防災型　102
　（3）広域危機管理型　115

第9 事前復興計画.. 123
1 事前復興計画の必要性....................................... 123
2 事前復興計画論の系譜....................................... 127
　（1）理論的根拠　127
　（2）防災基本計画　129
3 事前復興計画策定調査（国土庁）.......................... 130
4 東京都の震災復興グランドデザインと防災都市
　づくり推進計画.. 134
　（1）震災復興グランドデザイン　134

（2）市街地復興の手順　135
　　　（3）復興計画の推進　138
　5　フィジカルプランとしての事前復興計画を………… 140
　6　事前復興計画の実例………………………………… 142
　　　（1）帝都震災復興計画　143
　　　（2）阪神・淡路大震災復興計画　145
　7　真の防災都市のための事前復興計画……………… 147
　　　（1）木造住宅密集地にプランを示す　147
　　　（2）ヘリの利用による救助活動の確保　148
　　　（3）土地の交換分合手法の改善　149
　　　（4）マスタープラン化　150

（参考資料）関東大震災以降に発生した全国の主な地震　157

索　引　161

大地震から都市をまもる

第1　地震は日本中どこでも起こる

（1）　関西では地震が起きない？

1995年1月17日　朝 5 時 46 分　　阪神・淡路大震災が起きた日である。
朝の一番電車がようやく動き始めた，冬の凍てついた，まだ薄暗い明け方のことである。震源地は，淡路島の北淡町（ほくたん）という明石海峡大橋にほど近い所。地鳴りとともに途方もない震動が起こり住宅などの建物が倒壊し，地震には強いと思われていた道路，港湾，鉄道などの公共的な施設も壊され，地震直後は立ってもいられないほどの揺れだった。

わが国は地震が多いことで知られている国ではあるが，その中でも関西は地震があまり起きないと思われていたし，なぜか信じられていた。そのため，「まさかこんなとてつもない大地震が起こるとは思ってもいなかった」と，地震後大部分の人が述べているほどであった。

被害を拡大する要因　　しかし，わが国ではマグニチュード6以上の地震は関東大震災以後でも（表－1参照），数多く全国各地で起こっており，これを見ても，日本中，地震に対して安全な地域はないと言っても過言ではない。もっとも震源の位置と深さ，断層帯との距離，被災地の住家の密集度合などによって，引き起こされる被害はさまざまである。

阪神・淡路大震災も建物の倒壊という物的被害状況は，地震の大きさと**断層帯**との相関の強い所では被害が大きかった。

また地震による被害は，地震の起きた**時間**によって，地震後の火

一階部分が倒壊したJR六甲道駅

災の被害は**風の強弱**によっても変わってくるといえる。

　阪神・淡路大震災は朝5時半という人々の活動がまだ始まったばかりの時間帯であったこともあり，鉄道が脱線し，阪神高速道路が壊れて，ビルも崩れたりしたにもかかわらず，まだ街ではたくさんの人が活動していなかったので，人々が活動している時間帯と比べて被害が少なかったともいえる。またこの時期にしては風が強く吹いていなかったので，地震後に起きた火災が強風にあおられて燃え拡がらなかったことも被害の拡大を少なくしたとも言われている。

　しかしこのような地震はこれからも日本中どこでも起こり得る。**表1**は全国ほとんどの都道府県で地震が起きていることを示している。まさに地震国「日本」の現実である。これを見すえ，これを前提に，地震力の備えを急がねばならない。いつ，どこででも起きる地震に対し，一刻の猶予もせず，われわれはこれに立ち向かっていかなければならない。

表1 関東大震災以降に発生した全国の主な地震

地域	地震名	発生年月日	マグニチュード
北海道	積丹半島沖地震（神威岬沖地震）	1940.8.2	7.5
北海道	宗谷東方沖	1950.2.28	7.5
北海道	十勝沖地震	1952.3.4	8.2
北海道	十勝沖地震	1968.5.16	7.9
北海道	釧路沖地震	1993.1.15	7.5
北海道	北海道南西沖地震（北海道、青森県）	1993.7.12	7.8
北海道	根室半島南東沖	2000.1.28	7.0
東北	福島県東方沖地震（福島県・宮城県）	1938.11.5.6	7.5/7.4
東北	日本海中部地震（秋田県）	1983.5.26	7.7
東北	三陸はるか沖地震（青森県）	1994.12.28	7.6
東北	岩手・宮城内陸地震	2008.6.14	7.2
関東	関東大地震	1923.9.1	7.9
関東	西埼玉地震	1931.9.21	6.9
関東	今市地震	1949.12.26	6.4
関東	房総沖地震	1953.11.26	7.4
関東	茨城県沖	2008.5.8	7.0
中部	三河地震（愛知県、三重県）	1945.1.13	6.8
中部	北美濃地震（岐阜県）	1961.8.19	7.0
中部	伊豆半島沖地震	1974.5.9	6.9
中部	長野県西部地震	1984.9.14	6.8
中部	駿河湾地震	2009.8.11	6.5
北陸	福井地震	1948.6.28	7.1
北陸	大聖寺沖地震（石川県）	1952.3.7	6.5
北陸	新潟県中越地震	2004.10.23	6.8
北陸	能登半島地震	2007.3.25	6.9
近畿	北但馬地震（兵庫県）	1925.5.23	6.8
近畿	北丹後地震（京都府）	1927.3.7	7.3
近畿	東南海地震（三重県沖）	1944.12.7	7.9
近畿	吉野地震（奈良県）	1952.7.18	6.7
近畿	兵庫県南部地震	1995.1.17	7.3
近畿	紀伊半島南東沖地震（奈良県、和歌山県、三重県）	2004.9.5	7.4
中国・四国	鳥取地震	1943.9.10	7.2
中国・四国	南海地震（和歌山県沖～四国沖）	1946.12.21	8.0
中国・四国	山口県北部	1997.6.25	6.6
中国・四国	鳥取県西部地震	2000.10.6	7.3
中国・四国	芸予地震（広島県）	2001.3.24	6.7
九州	えびの地震（宮崎県、鹿児島県）	1968.2.21	6.1
九州	日向灘地震	1968.4.1	7.5
九州	日向灘	1987.3.18	6.6
九州	鹿児島県薩摩地方	1997.3.26	6.6
九州	福岡県西方沖地震（福岡県、佐賀県）	2005.3.20	7.0
九州	大分県西部	2006.6.12	6.2

出典：気象庁「過去の地震・津波被害」、内閣府防災情報「我が国の地震対策の概要」

なお，1930年以降のマグニチュード6以上の地震は膨大な数にのぼるので，巻末に参考として付けたので参照いただきたい。

(2) 危機意識を常に持つ

乗り物　現代の社会はいろいろな危機が起こり得る。とくに社会が高度に発展すればするほどその虞れは大きくなる。飛行機に乗る，列車や電車に乗る，あるいは遊園地でジェットコースターに乗るなど，便利で快適で楽しい。しかしきわめて確率的には少ないものの，事故が起こるというリスクを抱えている。ただ，こうした乗り物に乗る時ふだんわれわれはその経営者や運転者等の現場の担当者が安全に運転してくれるものと思って安心して乗るのが常であり，ほとんどの場合は安全であるため，そういった意味での危機意識を持たないですんでいるといえよう。

マイカーの場合，危機意識は道路交通法という法律によって否が応でも持たされ，実行されるようになってきた。シートベルトの着用は，しないと罰則がかかるため，否応なしに危機に対応させられ，ある意味ではすっかり定着してきているといえる。平成12年4月に施行されたチャイルドシートの使用義務も同様である。最近ではタクシーの後部座席にまで規制が拡大するなど，さまざまな面で，さらに危機意識を持たされるという状況が多くなっている。

火災　ところが火災の場合は乗り物事故とは違った意味で潜在的な危機意識をわれわれは持っている。住宅の場合でいえば，暖房や料理で火を使う時に必ず注意をはらったり，外出する場合はガスや電気がきちんと止められていて失火の恐れがないかを常に確認するという強い危機意識を持っている。法律面では2006年6月に消防法が改正され，新築住宅に**火災警報機の設置**が義務付けられ，既存住宅も2008年6月から3年以内に設置が義務付けられている。

またたくさんの人々が出入りするデパート，劇場，ホテルなどの建築物では**非常口**，**非常階段**，**スプリンクラー**などの消防設備の設置が義務づけられていて，いざという時に備えるようにしている。そしてそれらの施設では管理者が非常時に来客者の**避難誘導**を安全かつスムーズに行えるよう訓練をしているのである。

　古くは，昭和7年の日本橋の白木屋デパートで14人が死亡，500人余りが重軽傷を負い，昭和48年の熊本市の大洋デパートの火災でも103人が死亡，重軽傷者124人が出た。最近では火気を使う場所を限定し厳格な取扱いを定めていることもあって，ほとんど大きな火災事故が起きていないが，公衆がたくさん集まるこうした場所では，火災が起きた時自分がどう行動するかを考えておくことは大切である。

非常口を確認する

　私は仕事や旅行でホテルや宿屋に泊まる時，特に高層建築の場合は，チェックインして部屋に入る前に，必ず非常口と非常階段を見に行くようにしている。ホテルによっては，非常口のドアノブにカバーがしてあってそれを壊さないとドアが開けられない場合もあるので，その場合は非常口へのいざという時のルートと部屋からの距離を確認するにとどめるのだが，非常口が開けられる時は非常階段をのぞいておくのである。これはホテルで火災が起こった時など専門家がこうすべきだというコメントを出されていたのを忠実に実行しているに過ぎないのだが，こうした個人としての危機意識も浸透しているとは言い難い。時おり建築関係者と一緒に出張に出掛けることがあるが，建築関係者でもホテルの担当者が部屋に案内してくれた時，非常口の場所を口頭で教えてくれたのを聞いただけで，自分で非常口へ出向いて確認する人はほとんどいない。ホテルを信用しているからともいえるが，ホテルに泊まる人のなかには，うかつな人や少しおかしな人がいるかも知れないと思うと，われわれは危機意識をもっと持っていいと思う

のだが……。

　最近でもよく繁華街の雑居ビルで火災が起き，死傷者が出たというニュースが流れることがあるが，ビルの管理者が建築基準法や消防法等に違反していたことが犠牲者を出した大きな原因であると言われ，それも当然であるが，狭い階段や狭い廊下しかない所に大勢の人が集まっている所で起きていることを考えると，人々の危機意識の希薄さを感じる。決して人任せではなく，個人個人がいざという時の対処法などを考えるという危機意識をもっと持たなければ，事故を少なくすることには繋がらない。

台風　危機意識というのは日常的に起こり得ることであれば常に持ち続けていられるが，非日常的であり，特に起こり得る頻度が稀である場合は稀薄にならざるを得ない。私の子供の頃を思い出すと，昭和20年代は台風が来るとよく停電したものだったので，「台風が来る」とラジオで知らされると，夜は枕許に懐中電灯やロウソクを置いて停電に備えたものだった。今では送電のネットワークも多重化して，どこかで電線や電柱が壊れても迂回して送電される仕組みになっていたり，また台風などの被害を受けないように予め設計され造られているので，停電の危険がほとんどなくなり，家庭での危機意識も特になくなってきているのである。

地震　しかし地震の場合は，その起こる頻度があまり多くないと思われているので，危機意識も地域によって，また人によって，まちまちである。太平洋プレートが日本列島に沈み込んで起きる地震は，関東近県などでよくみられ，プレートの沈み込み現象が頻繁に起こる場合は，地震力は震度でいえば2か3程度にとどまることが多いのでそれほど大きな被害にはならない。そのため地震に対する恐怖はあっても，阪神・淡路大震災を経験した県や，いずれ起こると言われている東海地震などに比

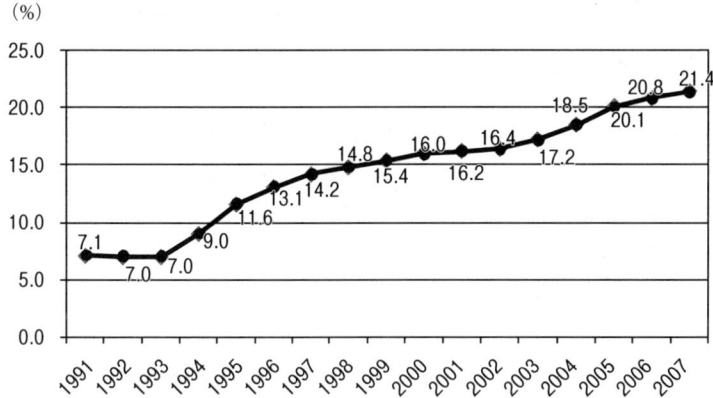

図1 地震保険加入率推移（各年度末現在）

（注） 居住用建物および生活用動産を対象として損害保険会社が取り扱っている「地震保険」のみの数値であり、各種共済については含まない。
（出典：損害保険料率算出機構）

べて危機に対する意識には差があるように見える。

　阪神・淡路大震災が起きた後，しばらくはこうした大地震がすぐに起こるかもしれないという危機意識から，家庭では，非常用の飲料水，乾パンなどの食料，家の中でもガラスの破片を踏まないように履物やいろいろな防災グッズを買って寝室に置いて就寝したり，タンス，本棚，食器棚などに転倒防止の金具を取り付けたりする人も多かった。しかしあれから10年以上も経つと，当時の危機意識は風化してきてしまっているようだ。

　地震保険も**図1**で示すとおり阪神・淡路大震災までは加入率が7％と少なかったが，地震直後から危機意識が触発されて9％になり，その後も徐々に上がってきてはいるものの低迷を続けていて現在でも20％にとどまっている。

耐震化 あの恐ろしい大地震を経験した神戸市でも，耐震化をしなければならない住宅や，密集した市街地の防災面からの再生の話になると"神戸はこのあいだ大きな地震が起きたので当分はこないから大丈夫だ"という声が出ているという。関東地方では，関東大震災級の大地震が来るかもしれないという漠然とした危機意識はあっても，それを具体的に防災のため行動に移さなければならないという危機意識にはなかなか高まってこないというのが現状である。

総理府の世論調査において，阪神・淡路大震災が起きてから10年経った平成17年でも，住宅の耐震診断や耐震改修を行った人は4～5％，どちらもやったことのない人が82％となっている。また大地震に対する備えに対しては，食料・衣料・携帯ラジオ・懐中電灯・医薬品などの準備や，家族との連絡方法を決めていると答える人は多いが，耐震診断を行い自分の家の危険度を把握していると答えた人はわずか3％に過ぎない。このことからいっても，自分を含め家族の生死についての危機意識はあまり感じられない結果となっている。

また平成19年の調査でも，すでに耐震工事実施済みなどで耐震性があると答えた人は17％にとどまり，実施するつもりはないと答えた人が47％である。**防災対策は"公助・共助・自助"**といわれる。行政も地域社会（コミュニティ）も個々人も協力して地震による災害を防いでいく努力が必要である。こういった視点から，**起こり得る地震から都市を守り，人々を守る**ことを考えていきたい。

第2 防災の最大の使命は人命

(1) 8割が即死 ——建物の倒壊

<u>推定死亡時刻別死者数</u> 災害が起きた時、特に大災害が起きた時一番の仕事は人命の救助である。阪神・淡路大震災の時も建物の下敷きになった人々の救助が大きな問題となった。

被災当初政府に対する批判は、なぜもっと早く初動できなかったのか、なぜ自衛隊への出動を遅らせたのか。初動に誤りなきを期せばこれほどの大きな死者はでなかったのではないかという論が噴出した。きちんとした対応をしていれば、2,000人は救えたはずだという論がマスコミ誌上を賑わせた。

ところが、現実には8割が即死であったということが死者の推定死亡時刻からわかってきたのである。

後になって分かってきたことなのだが、神戸市内での推定死亡時刻別死亡者数（表2）によると、2月4日までの死亡者数3,658人のうち、80.5％の2,944人は即死、すなわち建物倒壊による圧死と推定されており、3時間後の9時までの累積推定死亡者3,019人（82.5％）、12時までが3,128人（85.5％）、同日中が3,547人（97.0％）とされている。

すなわち8割は即死で、残りの数百人の救助をいかにするかということが救助活動の課題であったことが浮かび上がってきた。

救助活動を迅速に行う体制は、官邸主導の活動、情報の収集の仕方、DIS（DISについては、73～74頁参照）を使った被害予測、自衛

表2 死亡推定日時別の死者数（神戸市）

死亡推定日時	死体検案担当医師別の死者数				
	法医学*1	臨床医	計	累計	(割合)*2
1月17日～ 6:00	2,222	722	2,944	2,944	80.5%
～ 9:00	17	58	75	3,019	82.5%
～12:00	47	62	109	3,128	85.5%
～23:59	12	212	224	3,352	91.6%
時刻不明	111	84	195	3,547	97.0%
1月18日～2月4日 (日付不明)	10	101	111	3,658	100.0%
合　　　計	2,419	1,239		3,658	

(出典：『阪神・淡路大震災誌』（1996年2月，朝日新聞社編）128頁）
*1法医学は兵庫県監察医および日本法医学会派遣医師，*2累計の割合は筆者

隊の出動の迅速化，警察・消防の広域応援等と世の中の批判に対応した改善がなされてきてはいるものの，死亡者の8割が即死であったということは，この点について防災対策の最も重要な課題を改めてわれわれに突き付けられたと考えるべきである。

（2） 建物の被災状況

即死の原因は，大地震に対して建物の耐震性がなかったための倒壊（建物の中にある家具の転倒を含む）によるものである。そこで，どのような建物が阪神・淡路大地震で弱かったかを検証しておく必要がある。

耐震後復興都市づくり特別委員会による調査 1995年2月6日～16日にわたり震災復興都市づくり特別委員会（日本都市計画学会と日本建築学会近畿支部の合同）による建物被災状況の調査が実施された。この調査は，建物の被災の程度を外観目視により①**全壊または大破**，②**中程度の損傷**，③**軽微な損傷**，④**外観上の被害なし**の4段階および⑤**全焼・半焼**の判定を行ったもので，被災地の現場

第2 防災の最大の使命は人命

図2 神戸市域図

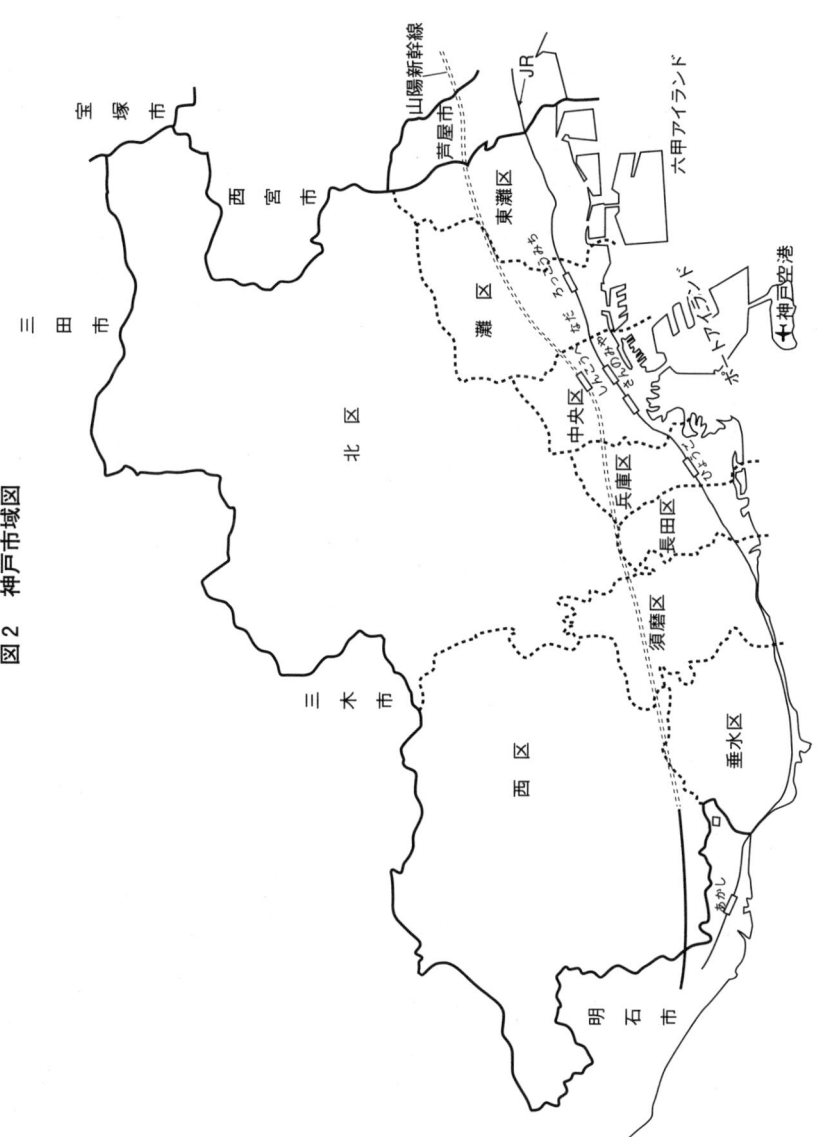

も多少落ち着いた状態になっていたこともあり，比較的統一のとれた基準で1棟ごとに調査が行われた。一方，損壊の程度がひどくなくても既に滅失している建物等も存在し，その滅失理由が調査できなかったものが1割を超えているという結果となっている。

　この調査結果の概要は**表3**のとおりである。神戸市の区域図（**図2**）と比較してみると六甲山の南側の区の被害が大きいことが分る。即ち，垂水区の一部ならびに東灘区から須磨区にかけて東西帯状に被害が広範囲に広がっていることが一目される。そのうち全壊は東灘区，長田区が多く，焼失は長田区，須磨区が多いことが見て取れる。これら被災建物の被災度判定別の集計結果を見ると，建物総数は218,347ポリゴン（地図表示における建物形状単位），このうち全壊もしくは全半焼した建物は17.4％の37,922ポリゴンとなっている。

　また被害の大きかった東灘区から須磨区の被災状況のうち，建物の滅失状況を構造別，建築年次別に見ると（**図3，4**），構造別では木造が，建築年次別では戦前（1945年以前）からその後の10年きざみの年次毎に，いってみれば建築年次が古いほど滅失率が高いとい

表3　建物の被災状況（学会調査結果）

区	調査地域における被災度判定（ポリゴン数）						
	全壊	半壊	一部損壊	全半焼	未調査	被害なし	合計
東灘	8,835	4,098	5,159	114	8,050	10,232	36,488
灘	5,695	2,782	5,606	317	6,931	7,365	28,696
中央	2,335	2,640	6,151	30	5,199	10,032	26,387
兵庫	4,841	5,777	8,989	519	4,957	8,284	33,367
長田	7,829	6,621	10,144	2,521	4,140	6,754	38,009
須磨	3,596	4,553	4,495	1,051	3,287	6,700	23,682
垂水	239	1,588	9,733	0	8,355	10,454	30,369
北	0	3	148	0	1,167	31	1,349
合計	33,370	28,062	50,425	4,552	42,086	59,852	218,347

（出典：『阪神・淡路大震災神戸復興誌』（平成12年1月）神戸市，14頁）

第2　防災の最大の使命は人命

図3　構造別建物滅失状況の分布（東灘区〜須磨区）

構造別建物滅失の状況

構造	存続	滅失
木造	61.2	38.8
煉瓦・ブロック	81.3	18.7
軽量鉄骨その他	88.1	11.9
RC・SRC	91.2	8.8

滅失建物の構造別棟数割合

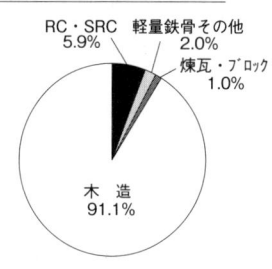

- RC・SRC 5.9%
- 軽量鉄骨その他 2.0%
- 煉瓦・ブロック 1.0%
- 木造 91.1%

（出典：阪神・淡路大震災神戸復興誌（平成12年1月）神戸市，20頁）

図4　建築年次別滅失状況の分布（東灘区〜須磨区）

建築年次別滅失状況

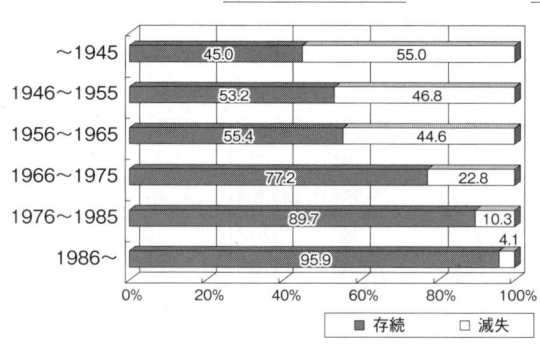

建築年次	存続	滅失
〜1945	45.0	55.0
1946〜1955	53.2	46.8
1956〜1965	55.4	44.6
1966〜1975	77.2	22.8
1976〜1985	89.7	10.3
1986〜	95.9	4.1

滅失建物の建築年次別棟数割合

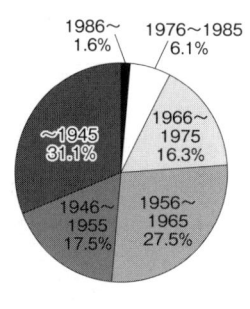

- 1986〜 1.6%
- 1976〜1985 6.1%
- 1966〜1975 16.3%
- 1956〜1965 27.5%
- 1946〜1955 17.5%
- 〜1945 31.1%

（出典：阪神・淡路大震災神戸復興誌（平成12年1月）神戸市，20頁）

表4　民間住宅の区別減失戸数

(単位：戸数, %)

民間住宅区別	減　失	総　数	減失率
東灘	16,174	65,019	24.9
灘	10,050	43,330	23.2
中央	5,964	44,235	13.5
兵庫	7,984	38,221	20.9
長田	23,301	59,487	39.0
須磨	10,761	62,793	17.1
東灘～須磨区	74,234	313,085	23.7
垂水	3,094	84,941	3.6
北	922	61,924	1.5
西	1,033	64,783	1.6
神戸市民間住宅計	79,283	524,733	15.1

(出典：阪神・淡路大震災神戸復興誌（平成12年1月）神戸市, 19頁)

表5　構造別減失民間住宅（東灘区～須磨区）

(単位：戸数, %)

構　造　別	減　失		総　数	減失率
木　造	(86.7)	64,331	159,576	40.3
煉瓦・ブロック	(0.3)	194	683	28.4
RC・SRC	(11.8)	8,724	143,253	6.1
軽量鉄骨その他	(1.3)	985	9,573	10.3
計	(100)	74,234	313,085	23.9

(神戸市資料)

うことがいえる。

神戸市による調査　住宅の被害状況についての神戸市独自の調査によると，震災前（平成7年1月1日）に存在し，震災後（平成8年1月1日）に減失した住宅総数は81,767戸とされている。

表6 完成年次別滅失民間住宅(東灘区〜須磨区)

(単位:戸数, %)

建物完成年次別	減 失	総 計	滅失率
〜1945	20,196	34,622	58.3
1946〜1955	9,176	18,828	48.7
1956〜1965	20,416	41,927	48.7
1966〜1975	15,665	68,380	22.9
1976〜1985	4,520	74,090	6.1
1986〜	4,261	75,238	5.7
計	74,234	313,085	23.7

(神戸市資料)

表7 建て方別滅失戸数(東灘区〜須磨区)

(単位:戸数, %)

	減 失		滅失率
独立住宅	(39.4)	27,738	27.0
併用住宅	(13.9)	10,298	30.7
長 屋	(23.5)	17,475	55.6
木造共同住宅	(15.1)	11,223	44.6
非木造共同住宅	(7.9)	5,873	5.3
その他	(2.2)	1,627	18.0
計	(100)	74,234	23.7

(神戸市資料)

このうち公営住宅の解体戸数2,484戸を除く民間住宅については,区別の滅失戸数,構造別,完成年次別,建て方別の調査結果が**表4〜7**である。

<u>1965年以前の木造の被害が大</u> これらの建築物の被害状況の調査は,常識的に想定されることをデータが証明してくれた

ということである。特に木造の滅失率が，38.8％（**図3**），**表5**で40.3％，建築年代別では1965年以前の建築の滅失率が高かった（**図4**および**表6**）のである。

さらに神戸市が戦災復興土地区画整理事業として施行した事業地からはずれた地域での被災が大きかった。その地域では道路などの公共施設率が低く，建物の更新もされていなかったせいもあって被害が大きかったといえる。

都市，とくに大都市において大地震が起きた時の被害の状況，特に人命の喪失を考えるとき，阪神・淡路大震災はわれわれに防災対策について大きな反省と教訓を残してくれたのである。即ち建築物の耐震堅牢化と土地区画整理事業などによる整然とした公共空地の確保が，都市の被災抵抗力が増すということである。

(倒壊した酒蔵)

第3　防災対策のしくみ ——災害対策基本法

　自然災害および自然災害に伴いあるいは人災として発生する火災により，わが国は歴史的に苦しんできた。その意味での防災対策は古来より重要な課題であり続けてきたが，明治以降の近代国家が成立してからは，政府や地方公共団体の重要な行政的課題と認識されてきた。

災害対策基本法の成立　大正14年の関東大震災や，第二次世界大戦による戦災の復興対策を契機に防災都市を建設しようという気運は，常時かつ継続的に政治，行政や学界，市民等を巻き込み行われてきた。

　そして，昭和36年に災害対策基本法が成立し，わが国の防災対策が初めて体系化，組織化された。

　地震をはじめとする災害に対してわれわれは防災の備えをしなければならないことは言うまでもない。地震に限らず台風，火山噴火，豪雨，豪雪等の災害等々，防災対策はきわめて大切である。こうした防災対策の基本を定めているのが「**災害対策基本法**」である。

　防災対策は，そのかなりの部分が行政施策として行われるので，当然法律に基づいて実施されなければならないことはいうまでもない。

災害への備え　有史以来自然災害に苦しんできたわが国では，戦後の新憲法下においても，災害対策基本法が制定されるまでの間に幾たびかの大きな災害を経験してきている。

　その主なものは，**表8**のとおりである。

表8　過去の著名災害被害高表

		死者 人	行方不明 人	負傷者 人	家屋被害 戸	家屋焼失 戸	農地被害 町歩	船舶被害 隻
カスリン台風	S22	1,057	853	1,751	394,041		294,440	
福井震災	S23	3,895		16,375	46,869	3,960		
ルース台風	S26	572	371	2,644	359,380		128,517	10,415
鳥取大火	S27	2				7,240		
十勝沖地震	S27	20		653	1,834			
西日本水害四件	S28	1,695	780	9,436			324,937	42
洞爺丸台風	S29	1,361	400	1,601	311,071		82,961	5,581
諫早水害	S32	856	136	3,860	28,570		43,566	277
狩野川台風	S33	488	381	1,138	229,650		89,236	566
伊勢湾台風	S34	4,697	401	38,921	1,197,576		210,859	13,795
チリ地震津波	S35	112	27	872	42,338			1,002

（出典：『災害対策基本法　沿革と解説』（昭和38年9月）野田卯一，24～25頁）

　自然災害に対する防災対策としては，予防，応急措置，復旧という3つの柱をたてて考えられてきたが，これらの対策は相互に有機的に関連づける制度的措置はなく，その根拠となる法律もバラバラでかつきわめて不十分で，縦割り行政にすぎなかった。

　すなわち，「気象業務法」，「災害救助法」，「水防法」，「消防法」，「警察官職務執行法」などの個別法が独立して，独自の縦割り行政のなかで対策がとられていた。

　そして，災害復旧に関しては，手厚い法的措置がとられたが，予防対策，応急措置はきわめて手薄なお粗末な状況にあった。

> 「公共土木施設災害復旧事業費国庫負担法」，「農林水産業施設災害復旧事業費国庫補助の暫定措置に関する法律」，「天災による被害農林漁業者等に対する資金の融通に関する暫定措置法」，「製塩施設法」，「農業災害補償法」，「漁船損害補償法」，「公共学校施設災害復

旧費国庫負担法」,「公営住宅法」,「水道法」などによる,災害の原形復旧支援が行われてきた。

さらに,被災市街地の復興対策は防災対策としての認識が希薄であった（このことは現在の災害対策基本法においても復興対策に関する条文は規定されていないままである）。

　建築基準法第84条第1項の規定により「特定行政庁は,市街地に災害があった場合において都市計画又は土地区画整理法による土地区画整理事業のため必要があると認めるときは,区域を指定し,災害が発生した日から一月以内の期間に限り,その区域内における建築物の建築を制限し,又は禁止することができる。」として被災市街地の復興を容易にする被災市街地の建築制限を課し,その下で土地区画整理法に基づく土地区画整理事業を都市計画の決定をし,又は都市計画決定の手続きをとらずに市街地の復興を実施することとされた。

このような防災対策の現状を是正し,災害対策をより総合的に体系化,立法化する試み,提案はかなり以前から存在していた。

（1）　日本学術会議

日本学術会議は,昭和25年5月に,政府が速やかに防災に関する強力な総合調整機関を設置し,わが国における**火災・水災・震災・風災等の防止軽減**に対して有効適切な措置を講ぜられるよう要望書を提出し,これを受けた科学技術行政協議会では昭和27年4月,次の内容の「**防災行政の刷新**」を提唱した。

（一）防災対策について総合的見地から基本方針を確立すること
（二）調査研究を一層徹底させること
（三）関係機関の間の調整を一層密にすること

（四）公共施設の維持管理の責任を明確にし，かつその履行を確実ならしめること
（五）公共事業，特に災害復旧費に関連し，設計および施行の順位を客観的に確立して，経済効果を大にするように実施すること

（2） 北海道庁の「非常災害対策の前進」

昭和27年3月に発生した十勝沖震災の教訓を基にして非常災害対策についての研究，検討を行った北海道庁は，同年5月**「非常災害対策の前進」**を提唱した。その内容は，

（一）非常災害対策の必要性
（二）非常災害に起因する現状変化ならびに破壊に関する分析
（三）非常災害に起因する現状変化ならびに破壊を回復するための現行関係法令
（四）現行非常災害法令はいかに整備されるべきか
（五）非常災害対策組織はいかに整備されるべきか
（六）非常災害を予想し，住民ならびに関係機関等はいかに訓練されるべきか
（七）非常災害対策はいかに実施されるべきか

というものであった。

非常災害に対して組織的，体系的に取り組もうとする画期的な問題提起である。

（3） 全国知事会の建策

北海道庁の問題提起は，災害対策に悩む全国各都道府県の共通の課題でもあった。全国知事会では，これを重要視して取り上げ，昭和27年5月に災害対策調査委員会を設けて検討を重ねた。

11月に「非常災害対策法要綱」,「災害金融公庫法要綱」および,「非常災害対策施設整備要綱」を,翌28年1月に「非常災害関係法令整備要綱」を決議し,関係方面に建議した。

このうち**「非常災害対策法要綱」**は,

(一) 非常災害の定義・種類・規模を決めること
(二) 非常災害対策機関を設置すること
(三) 災害の調査,対策計画の樹立と実施を決定すること
(四) 災害時の指揮監督権を法定すること
(五) 災害訓練計画,災害の住民協力その他を法定すること

とされており,災害対策基本法のプロトタイプの提案が初めて公にされたのである。

(4) 伊勢湾台風による基本法制定のドライブ

昭和34年9月26日の伊勢湾台風による東海地方の被害は死者4,600人余,負傷者約4万人という甚大な被害をもたらした。これにより,従来の対症論的災害対策から本質論としての災害対策,即ち組織的,体系的災害対策をいよいよ実施に移さなければならないという原動力となった。

昭和35年2月の通常国会で当時の岸首相は「災害対策基本法を制定する」と言明。

　前年の伊勢湾台風直後から政府部内で検討されていた立法作業に替えて,昭和35年9月に自由民主党政務調査会災害対策基本法制定準備小委員会が設置されて検討が加えられ,最終的には政府提案として昭和36年5月に「災害対策基本法案」として国会に提出され,修正などが加えられた後,昭和36年11月に成立となった。

成立した災害対策基本法の構成は,

(一) 防災組織（中央防災会議，地方防災会議及び災害対策本部，非常災害対策本部，災害時の職員派遣制度）
(二) 防災計画（防災基本計画，防災業務計画，都道府県地域防災計画，市町村地域防災計画等）
(三) 災害予防
(四) 災害応急対策
(五) 災害復旧
(六) 財政金融措置
(七) 災害緊急事態

とされ，その基本的体系は現在でも踏襲されている。

　翌37年9月に制定された「激甚災害に対処するための特別の財政援助等に関する法律」も基本的な仕組み自体は制定当初のものと変わっていない。

（5） 災害対策基本法の意義

総合的災害対策　近代統治国家の行政施策は法律に基づいてなされなければならないことはいうまでもない。したがって，緊急防災活動も災害救助法，水防法，河川法，警察法，消防法等の個別法に基づいて実施されてきたのであるが，度重なる災害に対し政府として国民の生命，財産を守るために，総合的災害対策を実施するにはその仕組みを構築しておかねばならない。

　災害対策基本法は，まさに防災緊急活動に関する基本的フレームを示すもので，この基本法に基づいて体系的，組織的な防災行政施策が可能となったのである。その意味において災害対策基本法の制定の意義は，わが国災害対策史の上で最も重要な位置を占めるものと断言することができる。

　防災対策は，最近では自然災害ばかりでなく鉄道災害，道路災害，海上災害，航空災害，危険物災害，原子力災害等の人工的災害等に

も拡げられ，産業活動等が高度に発達したことによって起こる災害対策も重要視され，ますます多岐にわたって防災対策を講じなければならなくなってきている。

そこで防災対策のしくみを簡単にまとめてみよう。

計画と組織　防災で重要なのは「**自助**」，「**共助**」，「**公助**」であるとされているが，災害対策基本法による防災対策は公助の部分が大半を占めているといっても過言ではない。特に阪神・淡路大震災以後は，危機管理という観点からもそれ以前と較べて格段に詳細な定めが決められているのが特徴である。

災害対策基本法による防災対策の中心的課題は**防災対策の計画と組織**である。

第1に地震に限らず災害が発生した場合における緊急防災活動は，国においては防災基本計画および防災業務計画に基づいて行われ，

仮設住宅

地方公共団体においても地域防災計画に基づいて行われるとする**計画論**であり，第2に，これらの計画の作成主体，実施主体を定める**組織論**である。

　そこで，以下，防災対策のフレームとされる計画論および組織論について概観し，さらにその余の防災緊急活動に関連する点についてみてみよう。

第4 防災対策のフレーム

防災対策のフレームは，簡単に示すと**図5**のようになる。

図5 防災対策のフレーム

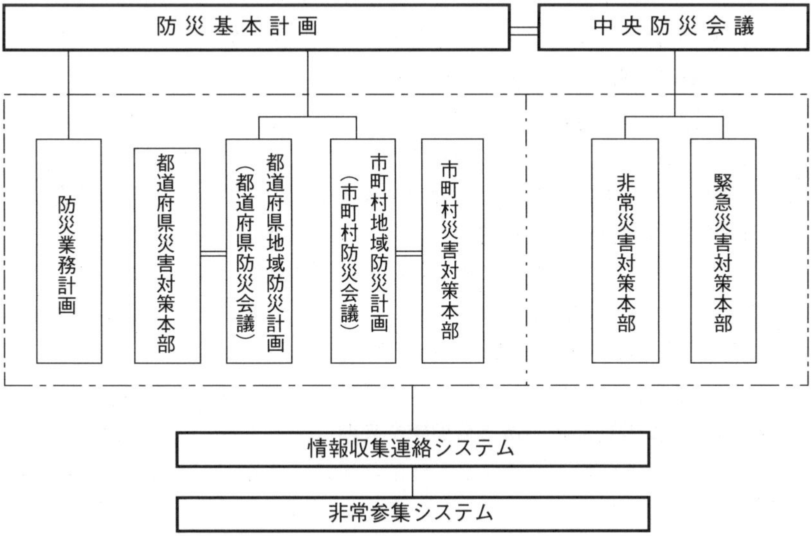

```
┌──────────────────────┐    ┌──────────────┐
│    防 災 基 本 計 画     │════│ 中 央 防 災 会 議 │
└──────────────────────┘    └──────────────┘
   │                              │
┌──┼──────────────────────┐  ┌──┼──────────┐
│  │                      │  │  │          │
│ ┌─┴──┐┌─────┐┌─────┐┌─────┐┌─────┐  ┌─────┐┌─────┐
│ │防災││都道府県││都道府県││市町村││市町村││  │非常災害││緊急災害│
│ │業務││災害対策││地域防災││地域防災││災害対策││  │対策本部││対策本部│
│ │計画││本部  ││計画  ││計画  ││本部  ││  │      ││      │
│ │    ││      ││(都道府県││(市町村││      ││  │      ││      │
│ │    ││      ││防災会議)││防災会議)││      ││  │      ││      │
│ └────┘└─────┘└─────┘└─────┘└─────┘  └─────┘└─────┘
└──────────────────────────┘  └──────────────┘
                │
    ┌───────────────────────┐
    │   情報収集連絡システム    │
    └───────────────────────┘
    ┌───────────────────────┐
    │     非常参集システム      │
    └───────────────────────┘
```

1 計画論

防災行政は「**法律による行政**」の大原則に基づいた災害対策基本法の制定によって格段の前進を示すこととなった。その構成は国および地方公共団体等の防災行政機関が防災計画を作成し，それに基づき防災行政を実施していくというものである。その防災計画の最

上位にあるのが，中央防災会議の決定する「**防災基本計画**」である。

防災基本計画　この防災基本計画に基づき，中央においては各省等の指定行政機関の長は，その所掌事務に関し，防災業務計画を作成しなければならないとされる。

さらに，都道府県防災会議，及び市町村防災会議は，防災基本計画に基づきそれぞれの地域に係る**都道府県地域防災計画**および**市町村地域防災計画**を作成しなければならないとされる。

防災基本計画は防災行政としての防災対策の基本フレームであり，文字どおり基本計画である。したがって，防災行政はこれに直接もとづいて行われるのではなく，詳細はこれに基く防災業務計画および地域防災計画に委ねられている。

防災基本計画は，防災対策の基本方針を示し，それに基づいて指定行政機関や地方公共団体が具体的な実施計画を作成し，防災行政の実施へとリンクさせている機能を有するに過ぎない。即ち，**防災基本計画は包括的，宣言的規定**にとどまり，指定行政機関の防災業務計画，特に地方公共団体の地域防災計画に裁量の幅を大きく与え，防災対策の基本は制度的に地方公共団体主義であることを反映していることを示している状況にある。

その意味では，指定行政機関の防災業務計画についても防災行政を**自ら司る実動部隊のある自衛隊や警察**は別とすると，一般行政機関の作成する防災業務計画も具体的記述に欠ける点があったことは否めない状況にあった。

これに比べ地方公共団体の地域防災計画は，市町村にあっては消防，都道府県にあっては警察が防災対策を司っているため初動期における防災対策はかなり詳細な記述が規定されていたといえる。

2　組織論

（1）　中央防災会議・地方防災会議

　防災行政のフレームワークの2番目は組織論である。

　防災行政は法律に基づく計画に基づいて実施されるが，それは防災行政を実施する適格を有する者によって行われなければならない。しかし，災害がひとたび起こると，社会のあらゆる面に影響を与えることになり，それに関わる行政主体はきわめて多岐にわたることになる。しかも防災対策はひとたび災害が起こってから実施されるだけでない。それを予防する対策，災害が発生した時に備えておくべき応急の対策，災害によって被害を受けた人的，物的損害の復旧，復興，再建等を実施していかなければならない。

　したがって，こうした災害に備え，中央においては，中央防災会議，地方においては都道府県防災会議および市町村防災会議が必置機関とされ，国の防災の基本的重要事項や，都道府県，市町村の地域の防災計画の推進について防災対策を進めていく重要な機関として位置付けられている。

　この中央防災会議，都道府県防災会議，および市町村防災会議は必置・常設機関であるが，具体的に実施権限は附与されていないため，災害が発生すると各行政主体が計画に基づいて防災行政を実施することとなる。

　しかし，前述のように，防災対策は関係する行政機関が多く総合性を確保し，しかも緊急に実施する必要があるため，臨時の組織として非常災害対策本部，緊急災害対策本部が設置できるようにされている。

　また，これらの本部の対策を迅速に実施に移すための関係職員の非常参集システムも必要となってくる。

　以下に阪神・淡路大震災前における**組織体制**について概観をして

おく。

（2） 非常災害対策本部

非常災害が発生した場合において，当該災害の規模その他の状況により当該災害に係る災害応急対策を推進するため特別の必要があると認めるときは，内閣総理大臣は，臨時に総理府に非常災害対策本部を設置することができる，と災害対策基本法は規定する。

そして，非常災害対策本部の長は，非常災害対策本部長とし，国務大臣をもって充て，非常災害対策本部の事務を総括し，所部の職員を指揮監督する。

非常災害対策本部の本部員は各省庁の職員をもって構成され，各省庁や地方公共団体の実施する災害応急対策の総合調整及び必要な指示をする権限が付与されている。

（3） 緊急災害対策本部

災害対策基本法は，その第105条で，「災害緊急事態の布告」という規定を置いている。

（災害緊急事態の布告）

第105条 非常災害が発生し，かつ，当該災害が国の経済及び公共の福祉に重大な影響を及ぼすべき異常かつ激甚なものである場合において，当該災害に係る災害応急対策を推進するため特別の必要があると認めるときは，内閣総理大臣は，閣議にかけて，関係地域の全部又は一部について災害緊急事態の布告を発することができる。

2 前項の布告には，その区域，布告を必要とする事態の概要及び布告の効力を発する日時を明示しなければならない。

そしてこの災害緊急事態の布告があったときは，内閣総理大臣は閣議にかけて，臨時に総理府に緊急災害対策本部を設置するものと

し、この場合において、当該緊急災害対策本部の所管区域は、当該災害緊急事態の布告に係る地域とするとされる。

さらに、緊急災害対策本部長は、内閣総理大臣をもって充て、緊急災害対策副本部長は、国務大臣をもって充てることとされ、その他の本部員は各省庁の職員をもって充てられる。

（4） 災害対策本部

（2）の非常災害対策本部および（3）の緊急災害対策本部は中央の組織であるが、地方においてもその必要があることから、都道府県または市町村の地域について災害が発生し、または災害が発生するおそれがある場合において、防災の推進を図るため必要があると認めるときは、都道府県知事または市町村長は、都道府県地域防災計画または市町村地域防災計画の定めるところにより、災害対策本部を設置することができることとし、災害対策本部長として都道府県知事または市町村長をもって充て、災害対策本部に、災害対策副本部長、災害対策本部員その他の職員を置き、当該都道府県または市町村の職員のうちから、当該都道府県の知事または当該市町村の市町村長が任命することとされている。

（5） 非常参集システム

災害対策、特に緊急災害対策において重視しなければならないことは迅速性である。災害対策要員が緊急の災害発生に即応し、チームとして防災行政を実行に移すためには、防災対策要員が緊急時に迅速に参集し、集中的に防災対策を実施に移していかなければならない。

このため、初動官庁を中心に指定行政機関においては非常参集システムを構築しているのが通常である。既に前述の防災業務計画において述べていることもあり、防災行政の総括的調整をしていた国

表9　非常災害対策要員の非常参集システム

（国土庁分）

国土庁非常災害対策要員	判定会が招集された場合	震度6弱以上の地震 南関東地域	震度6弱以上の地震 その他の地域	東京23区の震度5強の地震	東京23区の震度5弱の地震 その他の地域の震度5強及び5弱の地震	津波警報
①長官　政務次官　事務次官　官房長	◎	◎	◎	○	○	○
②長官官房各課（水資源部の課及び広報室を除く。）の非常災害対策要員	◎	◎	◎	○	○	○
③防災局長，防災担当審議官，④以外の防災局の非常災害対策要員及び広報室の非常災害対策要員	◎	◎	◎	◎	○	○
④防災局及び広報室の非常災害対策要員のうち，あらかじめ各課長から指名されている職員	◎	◎	◎	◎	◎	◎
⑤水資源部，計画・調整局，土地局，大都市圏整備局，地方振興局の非常災害対策要員	◎	◎	○	○	―	―

備考1：◎＝直ちに参集すべき者
　　　 ○＝特に指示等がない限り自宅等で待機する者
　　　 ―＝特に指示等がない限り参集及び待機する必要のない者
備考2：南関東地域とは，「南関東地域の大規模な地震発生後の非常参集時における自衛隊ヘリコプター利用等について」（平成8年11月15日中央防災会議主事会議申合せ）
　　　（埼玉県南部，千葉県北西部，東京都（23区，多摩東部，多摩西部），神奈川県東部）をいう。
注意：他省庁については③に準じて防災業務担当者に連絡する。

（国土庁作成資料）

土庁の非常災害対策要員の非常参集システムは**表9**のとおりである。そしてこれらの防災対策を迅速に実施できるようにするための中央防災無線綱が整備されている。

3　情報収集連絡システム

（1）　情報通信体系——中央防災無線

災害対策，特に緊急時においては被害の実態，災害緊急活動の状

況等が関係各機関の間で連絡が容易，迅速に行われる必要がある。

　被災の災害情報はNTTの電話回線を通しても入手可能であるが，これとは別に専用の防災無線が必要であることは早くから認識されていて，防災基本計画においても行政用無線施設の整備を図るべきと定められている。さらにこれを受けて国土庁防災業務計画において中央防災無線網の設備の維持管理に万全を期するとともに，移動通信系，衛星通信系，画像伝送系の導入等により情報通信体制の充実強化を図るべきことと規定されている。

　中央防災無線は国土庁が発足した昭和49年度から本格的な整備に向けての検討が行われ，昭和53年度にまず行政機関相互，昭和57年度にNHK，電力，ガス，鉄道などの指定公共機関にも拡充され逐次整備を図ってきていたのであるが，都道府県との連絡網はできていなかった。

ポートアイランド　コンテナバースの被害

同上　復旧

第5 危機管理──初動体制の改善

1 危機管理対応への批判

　阪神・淡路大震災といった未曾有の大災害に対し，その防災対策，特に初動体制への批判が噴出した。テレビで全国の人たちがリアルタイムの現場の悲惨な状況を見て消火活動，人命救助がはかどらないことに対し，行政の初動体制に対する批判が噴出したが，その根本は，大震災に対するしくみ，考え方が時代の進展に合わなくなってきていることに起因するものであるといっても過言ではない。したがって，ゼロベースからの見直しが必要となってくる。その初動体制のしくみの根本的改善を述べるに先立ち，一般市民にもたらされた情報と，客観的事実とのギャップについてもあらかじめ調べておく必要がある。

　初動の遅れの批判のなかには，死者が膨大な数になったのは国をはじめとする行政，自衛隊の導入の遅れなどによるものという意見も多かったことなども検証しておく必要がある。

　そこで，当時，政府に対する批判の対象となった大きな論点をまとめておくことにする。

（1） 被害状況の把握

　初動においては，被害の程度がどのくらいかというのが，とくに救助活動においては重要である。したがって発災と同時に消防，警察においてその把握に努め，収集された情報が的確な救命・救助活

動に利用されることが重要である。

従来型の問題点 阪神・淡路大震災においては，次のような従前の初動体制の問題点が浮きぼりになってきた。

① 過密大都市を直撃するような大地震の場合，しかも木造建築物，あるいは非木造でも現行の建築基準法の耐震基準に満たないものが多く存在し，しかも居住者が多い場合には，それ程人口稠密でない地方都市におけるのとはその被災程度が質的に異なること。これに追い打ちをかけるように，大都市においては高密度の住宅地，商業地が集積の利益を求めて建築されるため，被災の程度が大きくなること。

② 被災の程度の大小は人命と建築物，工作物の被害によって決まってくるが，人命についていえば，死者について特に大きく取り上げられねばならない。しかし確認にあたる警察，消防の判断は当然死亡が検死などの手続を経て正確に確認されなければならないこと，建物の倒壊によってその下敷きになっている者は，被災者の報告と扱えないことから，被害の程度は実際よりきわめて少なくしか報告されないこととなり，これを受けて行動する初動部隊の判断を鈍らせることとなる。

消防，警察における被害状況の把握は**表10**のとおりであるが，被災後6時間たっても死者181名あるいは203名という，半日たっても1,042名という状態であり，これをもとに救命・救急活動をするわけにはいかないことが分かる。

③ しかも，問題は現実に生き埋めになっている人の救助が問題であるとすると，現場の混乱状態では，生き埋めか単に居所不明になっているかどうかの確認もとれないこととなることのほか，現地の確認すべき警察官や消防隊員も被災し，その要員不足がこれをさらに困難にさせてしまっているのである。

表10　阪神・淡路大震災被害状況の把握について

日　時	消防庁 死者	行方不明	負傷者	その他	警察庁 死者	行方不明	負傷者
1月17日							
5：46	－	－	－	（兵庫県の数値なし）	－	－	－
6：10	－	－	－	（　〃　）	－	－	－
6：30	－	－	－	（　〃　）	－	－	－
7：30	－	－	－	（　〃　）			17
8：00	－	－	12				
8：20	－	－	－	（　〃　）	－	－	24
8：55	－	－	－	（　〃　）	－	－	30
9：30	1	－	52	（　〃　）	22	－	222
10：15					74	－	222
10：30	1	－	54	（　〃　）			
10：45	75	－	13,085	（兵庫県がはいった）			
11：30	**181**	331	475	（　〃　）			
12：00					**203**	331	711
13：30	439	583	978	（　〃　）	439	583	1,377
14：45	597	531	1,030	（　〃　）	597	531	2,198
15：45					686	534	2,439
16：45	866	569	1,938	（　〃　）	867	569	3,435
17：45					1,042	577	3,569
18：00	1,042	577	1,992	（　〃　）			

（出典：阪神・淡路大震災関係資料 Vol.1 第3編地震対策体制第1章初動体制03災害緊急即応体制（1999年3月）総理府阪神・淡路復興対策本部事務局，40頁）

　このように見てくると過密大都市において被害状況の早期把握を適時適切な救命救助活動を従来パターンで実施することは効果的ではないといえる。

(2) 非常災害対策本部の立ち上げ時期

　被害状況の把握がなかなか出来なかったことと相まって，政府に対する批判は，非常災害対策本部（本部長は国務大臣）の立ち上げが遅かったことと，内閣総理大臣を本部長として全閣僚が本部員となる緊急災害対策本部を設置すべきという議論である。

　阪神・淡路大震災が起こった時以前から約10年の間におきた地震災害を含む，ある程度の大きな災害と非常災害対策本部の設置の有無と災害発生時から設置までの所要時間を調べてみると（**表11**），設置されている場合といない場合が拮抗しているが，設置されている場合，一番早いのが，昭和58年5月26日の日本海中部地震の6時間半後，一番遅いのが，昭和59年9月14日の長野県西部地震では約52時間後ということとなっており阪神・淡路大震災の約5時間半後というのは今までとの比較においては早かった対応であることが資料からはうかがえる。

　しかし，問題は従前との比較論の問題ではない。被害の規模の大きさ，特に大都市の人口密集地域における災害に対応するのに，前例と比較して論ずることではないということの意識が不足していたといえる。

総理大臣を本部長とする緊急対策本部の設置　非常災害対策本部は当時は国土庁長官が本部長であったが，このような甚大な被害が出ているのだから総理大臣が本部長となる緊急災害対策本部を設置すべきだという議論が被災当初強く出された。しかし，災害対策基本法第107条による緊急災害対策本部の設置は，物価統制機能を与えられていることから，一種の騒乱状態になった時のための規定として政府内で認識されていた。そのため，この規定に基づかず，総理大臣を本部長として各閣僚を本部員とする任意の兵庫県南部地震緊急災害対策本部を設けることになった。

　きわめて甚大な被害の出た地震であるので，内閣全体としてこの

第5　危機管理——初動体制の改善

表11　非常災害対策本部の設置状況

災　害　名	発　災　時　刻　等	第1回省庁連絡会議開催時刻	第1回非常災害対策本部会議開催時刻
日本海中部地震	発災時刻　S58.5.26　12:00 場　所　　秋田，むつ他 震　度　　5	S58年5月26日 15時30分 （3時間半後）	S58年5月26日 18時30分 **（6時間半後）**
長野県西部地震	発災時刻　S59.9.14　8:48 場　所　　甲府，飯田 震　度　　4		S59年9月16日 13時10分設置 **（約52時間後）**
雲仙岳噴火	発災時刻　H3.6.3　15:50 場　所　　島原 震　度		H3年6月4日 14時00分 **（約22時間後）**
釧路沖地震	発災時刻　H5.1.15　20:06 場　所　　釧路 震　度　　6	H5年1月16日 16時00分 （約20時間後）	本部設置なし
北海道南西沖地震	発災時刻　H5.7.12　22:17 場　所　　深浦，小樽他 震　度　　5	H5年7月13日 10時00分 （約12時間後）	H5年7月13日 11時00分 **（約13時間後）**
北海道東方沖地震	発災時刻　H6.10.4　22:23 場　所　　釧路 震　度　　6	H6年10月5日 11時00分 （約12時間半後）	本部設置なし
三陸はるか沖地震	発災時刻　H6.12.28　21:19 場　所　　八戸 震　度　　6	H6年12月29日 11時00分 （約13時間半後）	本部設置なし
阪神・淡路大震災	発災時刻　H7.1.17　5:46 場　所　　神戸，洲本 震　度　　6	H7年1月17日 11時00分 （約5時間後）	H7年1月17日 11時25分 **（約5時間半後）**

出典：阪神・淡路大震災関係資料 Vol.1 第3編地震対策体制第1章初動体制01初動（1999年3月）総理府阪神・淡路復興対策本部事務局，31〜32頁

　大災害に取り組む姿勢を示す必要があるということから，災害対策基本法に基づく国土庁長官を本部長，本部員が各省の局長級という非常災害対策本部ではなく，緊急に一体的かつ総合的な対策を講ずるための**「兵庫県南部地震緊急対策本部」**が1月19日に設置された。
　その構成は，

37

> 本部長　内閣総理大臣
> 副本部長　国土庁長官
> 本部員　他のすべての閣僚

とし，閣議と異なり本部会合には，内閣官房副長官（政務及び事務）が出席するほか，必要があると認められるときは，関係者も出席を求められることがあるとされた。

当初この兵庫県南部大地震緊急対策本部は気象庁が地震情報を出した時に付けられていたの名を付けて呼ばれていたが，2月4日に阪神・淡路大震災緊急対策本部という名称に変えられた。

2　初動体制改善

阪神・淡路大震災によってこうした大災害に対する危機管理体制が強く批判されたことを受けて，特に初動体制を早急に改善すべきこととされた。

国の初動体制の速やかな立ち上げ，被災地・被災者の期待に応えるための緊急防災活動を効果的に実施するの制度改善すべき課題として，次のように整理された。

（1）　内閣機能の強化
（2）　即時・多角的情報収集と情報集中
（3）　迅速活動の確保
（4）　広域集中体制

これらは阪神・淡路大震災の経験から得られた従来の防災活動の主要な不備な点であり，その問題点を整理して是正を図ることが初動体制の抜本改善へとつながることになる。

（1） 内閣機能の強化

強力なリーダーシップ　阪神・淡路大震災のような甚大な被害をもたらす大災害は，まさに国家的対処が必要であるが，災害対策基本法においては，もともと災害対策の第一次的主体が地方公共団体に置かれていた（**地方公共団体主義**）。非常災害が発生した場合に設置される非常災害対策本部は国務大臣が本部長，災害緊急事態を布告するような国の経済および公共の福祉に重大な影響を及ぼすような異常かつ激甚な災害が発生した場合に設置される緊急災害対策本部は内閣総理大臣が本部長になるものの，本部員は各省庁の職員とされている。阪神・淡路大震災において，内閣総理大臣をはじめとする全閣僚がこうした大災害に対処していくべきだという批判が強く提起された。災害対策基本法が関東大震災当時の社会情勢をある意味で念頭において制定され，その当時の行政に対する認識をもって防災行政を実施することで足りると認識され続けてきたのである。したがって，戦後の民主主義社会が成熟し，高度に社会が発展し，政治，行政に対する認識が変化していることを考慮すると適切な改革が行われてこなかったことと，内閣総理大臣の指揮権あるいは指示権という強力なリーダーシップの欠如が批判の大きなものの1つであった。

　そしてそのリーダーシップを支える初動官庁の有している情報の収集と，その情報に基づく的確・迅速な初動を支える情報通信網の整備と初動官庁の官邸への非常参集と制度の構築等官邸主導のリスクマネジメントが制度改善の最も大きな課題とされた。

　この大震災で，最大の防災行政リスクマネジメントにおいて議論されたのは，内閣が強力なリーダーシップを発揮すべきであるといったことにあった。

　高度経済発展に伴う都市化の集中により，人口と産業施設，居住施設等が集中する大都市地域における大災害は，可能な限りの安全

39

な都市形成を図り，防災対策を準備しながらも被害をくいとめることが求められている。緊急時の国民の生命・財産を守るという国の役割が求められることから，内閣の果たすべき役割はきわめて大きいといわざるを得ない。

国と地方自治体の役割 　災害対策基本法は防災行政の基本的主体は地方公共団体，特に市町村とされている。災害が地域に密着して発生すること，地域住民の生活に直接影響するものであること，したがってこうした被災によって蒙る生活の回復策を考慮すると，基礎的自治体であり住民に密着した行政主体である市町村とされてきたのである。さらに都道府県も市町村を統合する広域自治体として防災行政の主体として認識されてきたのである。したがって災害発生後の初動は地方自治体が実施し，国はそれを支援することとされ，国としての初動活動が可能な自衛隊は都道府県知事の要請を受けて出動することとされてきたのである。

内閣総理大臣が本部長に 　しかし阪神・淡路大震災のような過密大都市の大災害は，国がもっと前面に出て初動の緊急防災活動に積極的に関与すべきという議論が高まり，地方公共団体主義原則の基本は基本としつつも，実効上国として特に行政権の属する**内閣としての機能強化を図る**こととされたのである。

　ア．内閣総理大臣を本部長とし，国務大臣を本部員とする緊急災害対策本部の創設
　イ．内閣総理大臣の緊急災害対策本部長としての指示権の創設
　ウ．官邸非常参集システムの創設
　エ．内閣官房危機管理チームの設置
　オ．内閣情報室の設置
　カ．災害情報システムの官邸集中制

　内閣機能の強化の最も重要な改善点は，災害対策基本法を改正し

て，著しく異常かつ激甚な非常災害が発生した場合，内閣総理大臣を本部長として全閣僚を本部員とする緊急災害対策本部を創設し，内閣として緊急防災活動を行える体制を整え，更に緊急対策本部長である内閣総理大臣に関係省庁への指示権を付与して内閣として強力に防災対策を行えるようにしたことである。

そしてこれらの緊急防災活動を迅速かつ効果的に実施するため，関係省庁の災害対策の責任者に被災後直ちに官邸へ緊急参集するシステムを作ったほか，内閣官房に内閣官房危機管理チーム，内閣情報室を設置して官邸主導による緊急防災活動の体制を整備したのである。

さらに官邸へ迅速・的確な災害情報が集中するような多角的情報システムの構築が図られることとされた。

これらは防災基本計画または防災業務計画の中で大半が記述されている。

（2） 即時・多角的情報収集と情報集中

リアルタイムの情報収集　緊急防災活動は，災害情報が迅速かつ正確であればあるほど効果的である。

阪神・淡路大震災の際は警察庁が兵庫県警察本部からの被害情報を，消防庁が神戸市からの被害情報を国土庁に報告，これに基づき官邸へ報告し，内閣としての緊急防災活動を実施したのであるが，人命に関する死者，行方不明者情報は，極めて正確な情報が遅れてしまううらみがあり，また自衛隊もヘリコプターを飛ばしたりして，被害状況の航空写真を撮っていたものの，飛行終了後現像してからでないとその状況が把握できないという，リアルタイムな情報が得られなかった。このことからの反省点として被害情報は従来の消防・警察に加えて自衛隊が従来方式のほか，ヘリコプター，航空機等からのリアルタイム映像の送信により情報を多角的に即時に収集

41

するほか,初動官庁でない省庁(例えば,建設省,現在は国土交通省など)の情報も多角的に収集すべきではないかという課題に加えて,中央防災無線を拡充(**図6**)し,中央の相互連絡通信網の強化のほか,地方公共団体の防災行政無線とも都道府県庁との連絡を可能にして全国的ネットワークの多角化を図るべきという課題も大きなものの1つである。

ネットワークシステムの見直し　緊急防災活動にとって重要なのは,正確な情報収集であり,それが的確に初動体制が機能するように集中されていることである。

　阪神・淡路大震災では,現地からの情報が発信元において被災したこともあって,中央に届かなかったことが挙げられ,情報収集機関及び通信連絡施設及びそのネットワークについて全面的な検討が行われた。それは各情報収集機関毎の見直しと連絡システムの見直しの両面において行われた。その意味で改善された点を列挙すると,

ア．各情報収集機関の改善
　ⅰ)　通信施設の多重化(無線,有線施設の増強)
　ⅱ)　航空機,ヘリコプター利用の情報収集
　ⅲ)　TV映像システムの採用
　ⅳ)　衛星通信の利用
イ．情報共有システムの改善
　ⅰ)　中央防災無線の整備強化
　ⅱ)　地方団体の防災行政無線と中央防災無線の連結
　ⅲ)　初動体制官庁以外の通信ネットの利用
　ⅳ)　官邸への情報集中

等が主なものである。

第5 危機管理――初動体制の改善

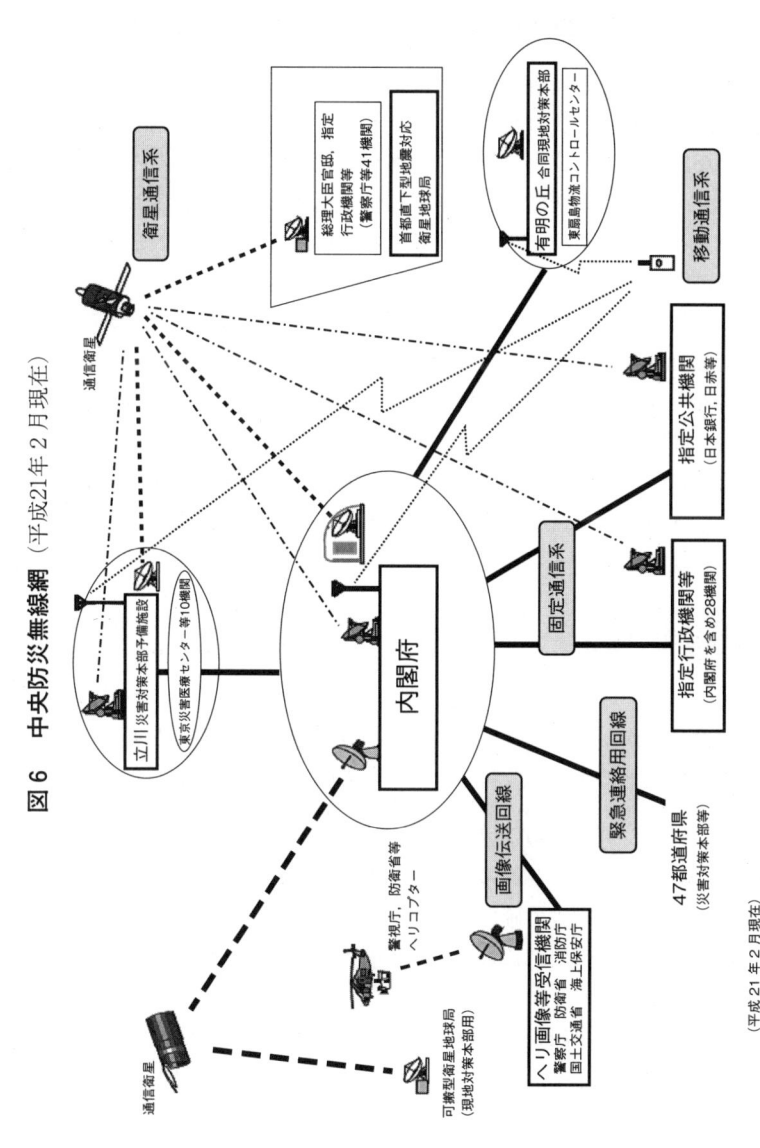

図6 中央防災無線網（平成21年2月現在）

（平成21年2月現在）
（内閣府「平成21年版防災白書」）

43

(3) 迅速活動の確保

初動期の緊急防災活動の要請は迅速性の確保である。住宅等建築物の崩壊、死傷者数の増大の結果をもたらす大災害においては特に重要な課題である。また、トップダウン方式による強力な内閣としてのリーダーシップに基づき、正確かつ迅速な収集によることも大切である。したがってそれを実効するためにも人的、物的迅速性の確保が大切である。

まず第1に、内閣機能の強化の観点から官邸への災害対策要員の非常参集制度を作ることや、各省庁の初動期の迅速な活動のための非常参集システム、情報通信網の整備、そして自衛隊などの現場初動要員が迅速に現場到達できる体制を構築することである。

第2に、緊急防災活動を行う警察、消防、自衛隊のほか、電気、ガス、水道等の公益施設の破損修理・点検のための車両が迅速に現場へ到達できるように必要な交通規制を行うことである。

初動体制の改善　緊急防災活動、特に人命救助、消火活動は迅速性が重要である。阪神・淡路大震災でも特に6,000人余の死者を出したが、救助を求めている人をいかに迅速に救助するかが問われた。この点も**初動体制改善**の大きなポイントとなった。その意味で改善された主なものは次のとおりである。

- ア．情報システムの迅速化
- イ．非常災害対策要員の参集範囲の改善（**表12**）
- ウ．災害要員宿舎の確保
- エ．市町村長の要請による自衛隊の災害派遣制度の創設
- オ．自衛隊の自主派遣の基準明確化
- カ．緊急通行車両の通行確保

表12 非常災害対策要員の参集範囲

内閣府 非常災害対策要員	地　　震　（震　度）					
参　集　対　象　者	6弱以上		東京23区			
^	南関東地域	その他の地域	5強	5弱	
^	^	^	^	その他の地域	
^	^	^	^	5強	5弱
①防災担当大臣，副大臣（防災担当），大臣政務官（防災担当），事務次官，大臣官房長	◎	◎	○	○	○
②③以外の大臣官房総務課，会計課の職員のうち会計長から指名された要員	◎	◎	◎	○	○
③大臣官房総務課報道室の要員	^	^	^	^	^
④政策統括官（防災担当），大臣官房審議官（防災担当）	^	^	^	^	^
⑤防災部門職員のうち各参事官から指定されているA要員	◎	◎	◎	◎	○
⑥⑤以外の防災部門職員のうち各参事官から指定されているB要員	◎	◎	◎	○	○
⑦⑤，⑥以外の防災部門のC要員	^	^	^	^	^
⑧以外の大臣官房人事官会計課の要員	◎	○	○	－	－
⑨①～⑧以外の要員	^	^	^	^	^
⑩（参考）関係省庁の職員	△	△	△	△	△

(注)　◎：直ちに参集
　　　○：特に指示がない場合に限り自宅等で待機
　　　－：特に指示がない場合に限り参集及び待機の必要なし
　　　□：特に指示がない場合は待機
　　　△：情報連絡のみを行い特に指示等なし
　A要員：非常参集要員のうち，当番の週に当たっており，災害時に直ちに参集する要員をいう。
　B要員：非常参集要員のうち，当番の週に当たっていない要員をいう。
　C要員：非常参集要員以外の防災担当職員をいう。

（内閣府資料）

自衛隊の派遣要請 この中で最も注目すべきものは，**自衛隊の出動態勢**の改正である。地方公共団体からの要請主義の原則には則りながらも，要請を待ついとまがない場合の**自主派遣**の基準をかなり詳細に規定して，要請がなければ全く動けない，動かないということのないようにしたことが大きな改正の1つである。これは防衛庁（現在は防衛省）防災業務計画の改定により自主派遣の基準を明確化して，積極的に緊急防災活動ができるようにしたのである。

また災害対策基本法の改正により，市町村長が直接派遣要請をし得る途を開くとともに，より効果的活動がしやすいように応急公用負担の規定を新設した。すなわち，緊急防災活動に必要となる土地，建物，工作物等の一時使用，収用をし，竹木の伐採，土石の除去などをすることができるとされた。もっともこれに伴い生ずる損失は補償される。

緊急車輌の通行確保 さらに重要なことは，災害対策基本法を改正して**緊急車両の通行の確保**ができるようにしたことである。阪神・淡路大震災の時に緊急自動車，緊急輸送車両の円滑な通行が必要な道路において多数の車両が放置されるとともに，実際上規制に反して多数の車両が通行していたことが指摘されており，緊急輸送車両の円滑な通行に著しい支障をきたしていた。自衛隊の姫路の部隊は午前10時に兵庫県知事から派遣要請を受け神戸に向かったが，中国縦貫道路や山陽道等が混雑していたため四国に渡り，淡路島を経由して神戸に入れたのが昼過ぎになってしまった。

また，1月17日大阪の中心部からの救急車，消防車は，**通常だと45分で到着できるのが最長420分もかかる**等，救命・救助・消火活動をはじめ，ガス漏れ通報，停電，避難所への給水のため出動した緊急車両の到達が遅れ，これらの緊急活動に支障をきたしたのである。これまでの緊急時交通規制は，次のようであった。

① 災害対策基本法第76条および同法施行令第32条第1項では災害時の交通規制の対象外は緊急輸送車両に限定されており，電気，ガス，水道事業等の公益事業の危険防止のための緊急自動車も規制対象とされていたこと。
② 緊急輸送車両の迅速な走行のために必要となる**放置車両，規制を無視して通行する車両の排除**については，
　ア．道路交通法第51条では，違法駐車しか対象にされていず，しかも移動する場合には原則として違法駐車標章の貼付が前置されていること等，緊急に放置車両を道路上から排除する手段として実効性を欠いていたこと。
　イ．災害対策基本法第64条第2項でも「現場の災害を受けた工作物又は物件」は除去等の措置が行えることとされていたが，放置車両は「工作物又は物件」とはいえず適用できない場合が多かったこと。
③ また警察官職務執行法第4条第1項では，危険な事態が切迫している現場において警察官の即時強制措置ができることとされているが，これは火災現場等危険な事態が存在する場合における措置を規定しているものであり，必ずしも当該場所において危険な事態が存在するものではないが，当該場所で措置を講じなければ当該場所とは離れた他の場所での災害応急対策の実施に著しい支障が生じるおそれがある場合の措置の根拠としては不充分であったこと。
④ さらに道路交通法第6条第4項では「道路の損壊，火災の発生等により道路において交通の危険が生ずるおそれがある場合において，当該道路における危険を防止するため緊急の必要があると認める場合のときは，必要な限度において当該道路につき一時歩行者又は車両等の通行を禁止することができる」としているが，緊急車両による災害応急活動のためのルートの設定による交通規制を前提にしていないこと。

したがって災害対策基本法を次のように改正して，**緊急輸送車両の迅速活動の確保**が図られるようにしたのである。

> ① 公益事業等の災害応急活動のための車両も緊急通行車両として交通規制の対象外とする。
> ② 通行禁止の指定された道路においては，車両の運転者は速やかに車両をその道路から移動しなければならないこととする。
> ③ 警察官は通行禁止区域等において車両その他の物件」が緊急通行車両の妨害となることにより，災害応急対策の実施に著しい支障が生じるおそれがあると認めるときは，当該車両又は物件の移動等の措置を命ずることができるほか，場合によっては自ら移動等の措置をとることができることとする。そして警察官がいない場合に限って，自衛官又は消防吏員もこの措置をとることができる。

（4） 広域集中体制

　災害対策本部が被災したとき　阪神・淡路大震災では被災地の災害対策本部が大きく被災した時にどう対処するかという問題が提起された。震源地は淡路島北淡町であったが，最も大きな被害を被ったのは神戸市であった。そこには兵庫県庁と神戸市役所があり，兵庫県庁の防災行政無線も被災し，情報の受発信が不可能になり初動要員も被災して，緊急防災活動が大きく阻害されたのである。

　したがって県庁所在地の中心部が被災して，被災地方公共団体の防災活動の機能が不全になった時の備えは，

① 自衛隊の活用による緊急防災活動
② 周辺自治体（自治体警察等を含む）による広域的な警察活動および消防活動の応援

が課題である。

　自衛隊の派遣は自衛隊法第83条の規定により，災害派遣は都道府県知事の要請によることが原則とされており，自主派遣の規定はあったものの，従来の国民感情には地域によって格差があり，その運用はきわめて限定的であった。自衛隊への兵庫県知事からの災害派遣要請は被災後4時間経過しており，地元での自衛隊アレルギーのあった兵庫県内においては，防災訓練に自衛隊の参加を従来要請していなかったこともあり，その派遣要請手続も熟知されておらず，その出動が遅れた結果になった。このことは逆に，自衛隊は派遣要請を受けなくても出動すべきであるという議論も巻き起こしたのである。

　周辺自治体からの支援　また周辺自治体から広域的に応援を受けることは，既に兵庫県，神戸市は応援協定を他の地方公共団体と結んでおり，それらの自治体や他の都道府県警察が応援にかけつけたのであるが，他の都市の消防隊のホースの規格が合わずに放水することができないなどの問題点も明らかになり，こうした広域応援の仕組みも抜本的改善の必要に迫られたのである。

　県庁所在地の中心部が甚大な被害を蒙った阪神・淡路大震災のような場合，被災地で災害対策に取り組むべき県庁や市役所が機能がしにくくなった時や，被災の程度が甚大で被災地だけの災害対策要員では対処しえない場合について，この震災により問題提起されたことになった。したがって，広域的に被災地の緊急防災活動を支える体制づくりが必要である。

　その意味で改善された主な点は次のとおりである。

① 広域緊急援助隊の創設（警察）
② 広域消防援助隊の創設（消防）
③ 自衛隊の出動要件の緩和
④ 自衛隊の飛行機，ヘリコプターによる情報収集

広域緊急援助隊および広域消防援助隊については，震災後警察については各都道府県警察に広域緊急援助隊を設置し，大規模災害が発生した場合に被災地の警察本部の要請によりその管理下に入って警察活動をするような体制が作られ，消防についても緊急消防援助隊を創設し，大規模災害が発生した被災地に出動することができるようになった。平成7年は部隊数1,267（構成員1万7,000人）となり，その後も増強されている。

　　自衛隊出動の緩和は，防衛庁防災業務計画を改訂することによって実施されたことは前述した（46頁）。

（5）　防災計画の見直し

　防災基本計画は昭和38年に中央防災会議により作成され，昭和46年に一部修正されたがその後は改定されず，別途「南関東地域直下の地震対策に関する大綱」等が作成されてきた。
　しかしながら，防災をとりまく社会経済情勢の変化が著しいことに加え，阪神・淡路大震災において5,500人を超える死者・行方不明者など大規模な被害が生じた経験・教訓を踏まえ，平成7年1月26日の中央防災会議において，防災基本計画を改定することが決定された。これを受けて防災基本計画専門委員会が設けられ，検討が進められて平成7年7月に改定された。
　防災基本計画は，震災対策を中心にこれまでのものを大幅に改めて内容を充実し，必要な災害対策の基本について国，公共機関，地方公共団体，住民それぞれの役割を明らかにし，特に**具体的かつ実践的な分かりやすい計画**とすることを最大の基本方針として，

> イ．国，公共機関，地方公共団体が実施すべき施策を可能な限り具体的に記述
> ロ．震災対策，風水害対策，火山災害対策など災害ごとに記述
> ハ．災害予防，応急対策，復旧・復興対策という時間の流れに沿った記述

をしているのが特徴である。

外部の意見を取り入れる　阪神・淡路大震災における初動が効果的に機能しえなかったことは，直接被災地において実施される消防活動，救命救助活動などの直接的防災行政について，その根拠を与えている防災基本計画をはじめとする，各種計画にさかのぼって検証すべきという行政内部の反省のほかに，こうした計画論はもともと行政機関内部または相互間の規律を定める性格のため「内部化」にとどまっていても当然という黙示の合意が国民にあった。しかしながら，防災行政が機能不全に陥った場合には，従来内部化で足りていた計画論を外部化させ，国民をはじめとする外部から，その意見や批判を取り入れる必要性が出てきた。

　社会が発展し，行政も進歩をしていく過程において，内部化された行政が外部化され，従来直接的行政施策の結果についてのみの関心でいたものが，阪神・淡路大震災を契機に，防災対策としての計画論は，一気に外部的に噴出した。防災基本計画の改定を受けて関係省庁の防災業務計画，都道府県地域防災計画，市町村地域防災計画も同様の観点から改定されたのである。

上：森南地区

右：ワークショップ

下：完成後

第6 関東大震災と阪神・淡路大震災

1 関東大震災の教訓

　大正12年9月1日に発生した関東大震災によってもたらされた被害は，東京市の人口226万人のうち170万人が罹災し，うち死者，行方不明者6万9,000人，東京市の面積約7,980haのうち43.5％にあたる3,470haが焼失，建物被害も全壊・半壊21万9,000棟，全焼・半焼5,500棟にのぼった。

> 　当時旧都市計画法および市街地建築物法が大正8年4月に制定され，市街地建築物法は大正9年12月に施行された。この都市計画において用途地域に加えて防火地区の制度が創設され，「都市保安上に於ける最大の脅威であって震災，風災其の他非常の際に於いての各種害禍を防ぐため，火災予防上，特に重要な地区を防火地区に指定し，更に其の耐火構造の強制程度によって，甲種防火地区及び乙種防火地区の二種に分けて指定する」こととされた。

東京都市計画　大正11年9月の東京都市計画においては，霞ヶ関，日比谷，丸ノ内一帯を集団防火地区に，その他の主要街路の両側は路線式防火地区に指定したのであるが，不幸にしてその1年後に大震災が発生し，防火地区指定の効果はほとんど発揮されなかったのである。

　その後，関東大震災の焼失区域を中心に，防火地区を追加指定した（前後の比較表が**表13**である）。一方，阪神・淡路大震災においては，発生当時，神戸市の中心6区の防火地域および準防火地域は，**図7**のように既成市街地の殆どの部分を覆っている状態にあったの

表13　東京都市計畫防火地區面積表

種別	甲種防火地區 集團防火地區	甲種防火地區 路線式防火地區	計	乙種防火地區 集團防火地區	乙種防火地區 路線式防火地區	計	合計	市全面積ニ対スル百分比
現行防火地區 燒失區域内	七九一,〇〇〇	四三四,〇〇〇	一,二二五,〇〇〇	五八,〇〇〇	八,〇〇〇	六六,〇〇〇	一,二九一,〇〇〇	五・四
現行防火地區 燒失區域外	三六一,〇〇〇	I	三六一,〇〇〇	四,〇〇〇	一〇五,〇〇〇	一〇九,〇〇〇	四七〇,〇〇〇	一・九
現行防火地區 計	一,一五二,〇〇〇	四三四,〇〇〇	一,五八六,〇〇〇	六二,〇〇〇	一一三,〇〇〇	一七五,〇〇〇	一,七六一,〇〇〇	七・三
舊防火地區 燒失區域内	一七一,〇〇〇	一五五,〇〇〇	三二六,〇〇〇	五八,〇〇〇	二六二,〇〇〇	三二〇,〇〇〇	六四六,〇〇〇	二・六
舊防火地區 燒失區域外	三六一,〇〇〇	I	三六一,〇〇〇	四,〇〇〇	一一〇,〇〇〇	一一四,〇〇〇	四七五,〇〇〇	二・〇
舊防火地區 計	五三二,〇〇〇	一五五,〇〇〇	六八七,〇〇〇	六二,〇〇〇	三七二,〇〇〇	四三四,〇〇〇	一,一二一,〇〇〇	四・六

（単位　坪・％）

（出典：帝都復興事業誌建築編・公園編（昭和6年3月）復興事業局129頁）

第6 関東大震災と阪神・淡路大震災

図7 神戸市防火・準防火地域図

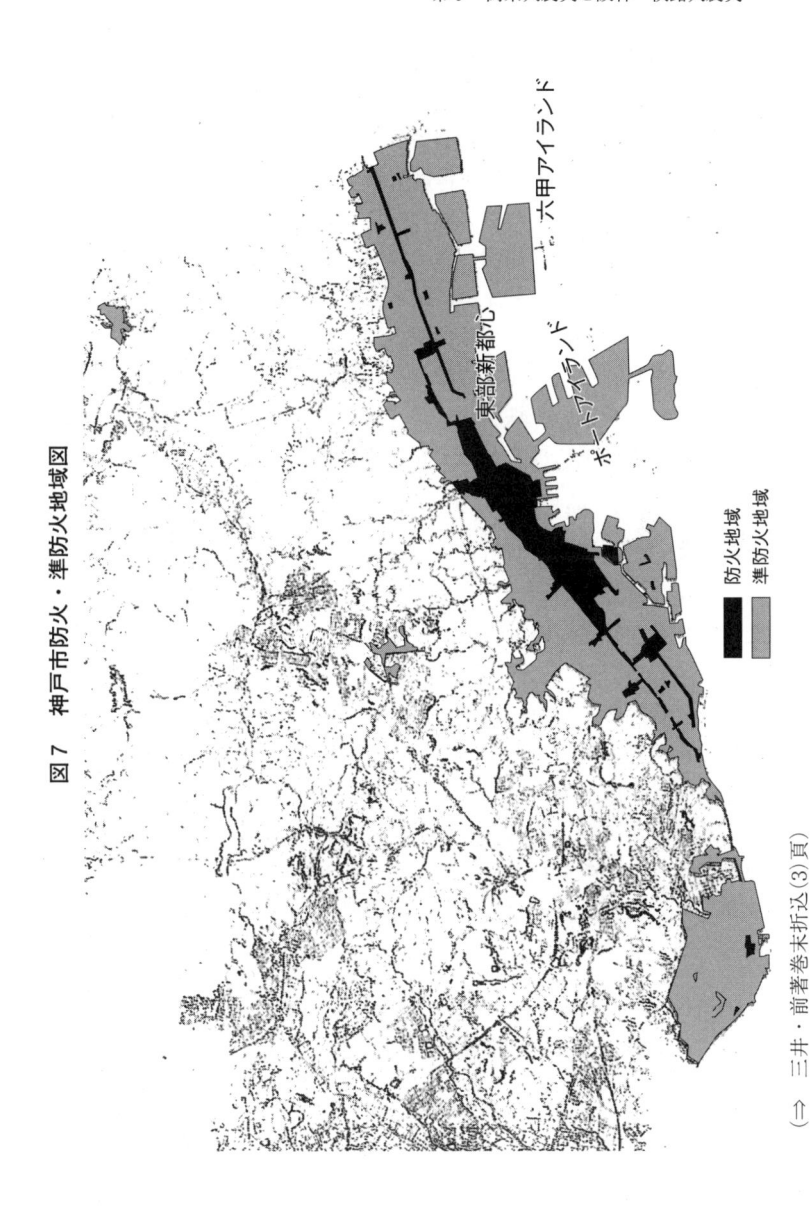

防火地域
準防火地域

六甲アイランド
東部新都心
ポートアイランド

(⇒ 三井・前著巻末折込(3)頁)

55

で,格段の被災抵抗力の効果を発揮していたといえる。

　明治維新によって近代的国家造りを始めたわが国が西欧にならった都市計画作りを始めたのが明治21年に制定された「東京市区改正条例」であったが,大正8年にはこれを「都市計画法」として本格的な都市計画が東京市をはじめとする6都市で実施に移されたのである。東京市でもこの法律の下で将来を見据えた都市計画のプラン作りが進められているさなかに関東大震災が起きたのである。

　当時の日本の都市は江戸時代から続いてきた木造市街地であって,鉄筋コンクリート造の建造物はなかったといっていいほどであり,防火地区制度を敷いて鉄筋化しようとしていた矢先であるから,震度7の関東大震災にはひとたまりもなく倒壊してしまったのである。

土地区画整理　関東大震災から受けた衝撃の強さを受けて,政府は特別都市計画法を制定して,整然とした広い幅員の道路,基盤目の街区,公園の配置など震災復興土地区画整理事業として近代都市,防災に強い都市づくりを決意する。それから以後日本の都市計画は,区画整理の手法を利用して,広い道路や公園を作り,整然とした都市づくりをするようになる。

　第二次世界大戦で焦土と化した都市も,戦災復興土地区画整理事業として,全国102都市で都市計画が鋭々として続けられてきた。

　とくにわが国のように,土地が細分化されて,道も狭く曲がりくねって作られてきた都市や,耕地整理もされないまま,無秩序に市街化してしまった街の改造は,区画整理をするしか有効な手段がなかったからともいえる。

2　阪神・淡路大震災での検証

　地震被害に悩まされてきたわが国が,関東大震災で受けた教訓を阪神・淡路大震災などにおいてどう生かされていたのかは検証して

おかなければならない課題である。

両者の被害比較を検証してみよう（**表14**参照）。

　関東大震災の被害は前に述べたものと同じであるが，関東大震災と阪神・淡路大震災の被災度は，地盤条件，地震発生時の時間帯，晴雨，風速等の天候条件等が影響するので単純には比較することはできないが，そういう制約条件があることを措いて比較してみると**表14**のようになる。

表14　関東大震災および阪神・淡路大震災被害比較

	関東大震災	阪神・淡路大震災
（1）罹災状況	（東京市）	（神戸市全域）
人口（A）	226万人	152万人
罹災人口（B）	170万人	約24万人
うち死者，行方不明（C）	69,000人	約4,700人
罹災率（B／A）	75.2％	15.8％
死者，行方不明率（C／A）	3.1％	0.3％
（2）焼失状況	（東京市）	（中心六区市街地）
面積	約7,980ha	約6,500ha
焼失面積	3,470ha	82ha
焼失率	43.5％	1.3％
（3）被害棟数		
全壊・半壊	219,000棟	123,00棟
全焼・半焼	5,500棟	7,300棟
計	224,500棟	130,300棟

（注）罹災人口：（関東大震災）死者，行方不明，重軽傷，全半壊，全半焼罹災者
　　　　　　　（阪神・淡路大震災）死者，行方不明，避難者総数
（帝都復興事業大観及び神戸市資料より作成）

　東京市の人口が226万人，神戸市の人口が125万人と人口規模には差があるものの罹災率は75.2％と15.8％，死者，行方不明者率3.1％と0.3％，焼失率43.5％と1.3％となっていて，阪神・淡路大震災の被害は我々にとってもきわめて甚大と考えられてはいるが，関東大

震災の被害状況を見るとき，まさに想像を絶する惨状であったとしか言いようがない。これをまとめてみる。

（1） 死者，行方不明者

火災　関東大震災での死者，行方不明者の数が桁違いに多いのは，地震によるものと強風が吹いていたという悪条件が重なって，火災によって逃げ場を失って被服廠や隅田川等でなくなった方も相当多かったと見られる。阪神・淡路大震災では防火地域と準防火地域が六甲山以南の市街地全域にわたって指定され，それに基づいて防火性が強化されていたことと，道路や幅員が戦災復興土地区画整理事業によって拡げられ，公園も多く作られたことにより，延焼防止効果が効いていたことが働いたと考えられる。

区画整理　戦災にあった神戸市は，戦後営々と戦災復興土地区画整理事業を実施してきた。

　神戸市における戦災復興事業は，戦災により被害を蒙った中心市街地について全面的に土地区画整理事業の施行によって実施されてきた。その面積は当初計画で中心5区で2,689.9haに及び，現在の中心5区のビルトアップ地域の約半分を占めていたのである。この戦災復興土地区画整理事業は長期にわたったため，途中対象事業地区の反対などで482haが除外され，最終的には2,207.5haが施行された。

　この戦災復興土地区画整理事業の効果は，都市機能の維持増進および都市環境の改善はもとより防災機能の向上ももたらした。すなわち，道路の整理と拡幅，公園面積の増大による延焼防止効果の他，事業によって建物の移転事業が新築によってなされ，老朽建築物が耐火性，防災性の高い建築物へと変わり，それが蓄積されていったことである。

| 老朽木造 | 戦災復興土地区画整理事業は，道路を拡げ，公園
| 住　　宅 | を作り，整然とした街区の街を作っていくばかり

でなく，建物を昔のところから新しい場所に移築するのであるが，当然移転補償費が出るため，多くの場合その移転補償費を使って建て替え，新築がおこることになる。そのため古い老朽木造住宅が新しく生まれ変わり防火地域，準防火地域の規制で防火性能が強まるばかりでなく，地震に対しても以前より強くなるという効果をもたらしたのである。

（2） 焼失面積

関東大震災では東京市の京橋区，日本橋区，神田区，麹町区，芝区，麻布区，赤坂区，四谷区，牛込区，小石川区，本郷区，下谷区，浅草区，本所区，深川区の総面積の43.5％に相当する3,470ha が焼失した。基本的には木造市街地であったことが大きな原因であった。

| 防火地域 | 関東大震災時に広範囲に市街地が焼失したのを受けて，都市計画の大きな目標の1つに都市の不燃

化が挙げられ，防火地域・準防火地域（当時は甲種防火地区，乙種防火地区とされていた）の指定を順次拡大してきた。

ちなみに，関東大震災時の防火地区は**図8**（⇒三井・前著巻末折込(2)頁）のとおりである。

表15　防火地域・準防火地域の区別面積

(単位：ha)

	東灘区	灘　区	中央区	兵庫区	長田区	須磨区	計
防火地域	63	87	408	171	97	61	887
準防火地域	1,279	884	603	756	458	996	4,976
計	1,342	971	1,011	927	555	1,057	5,863

（神戸市資料より作成）

図 8 関東大震災時の防火地区

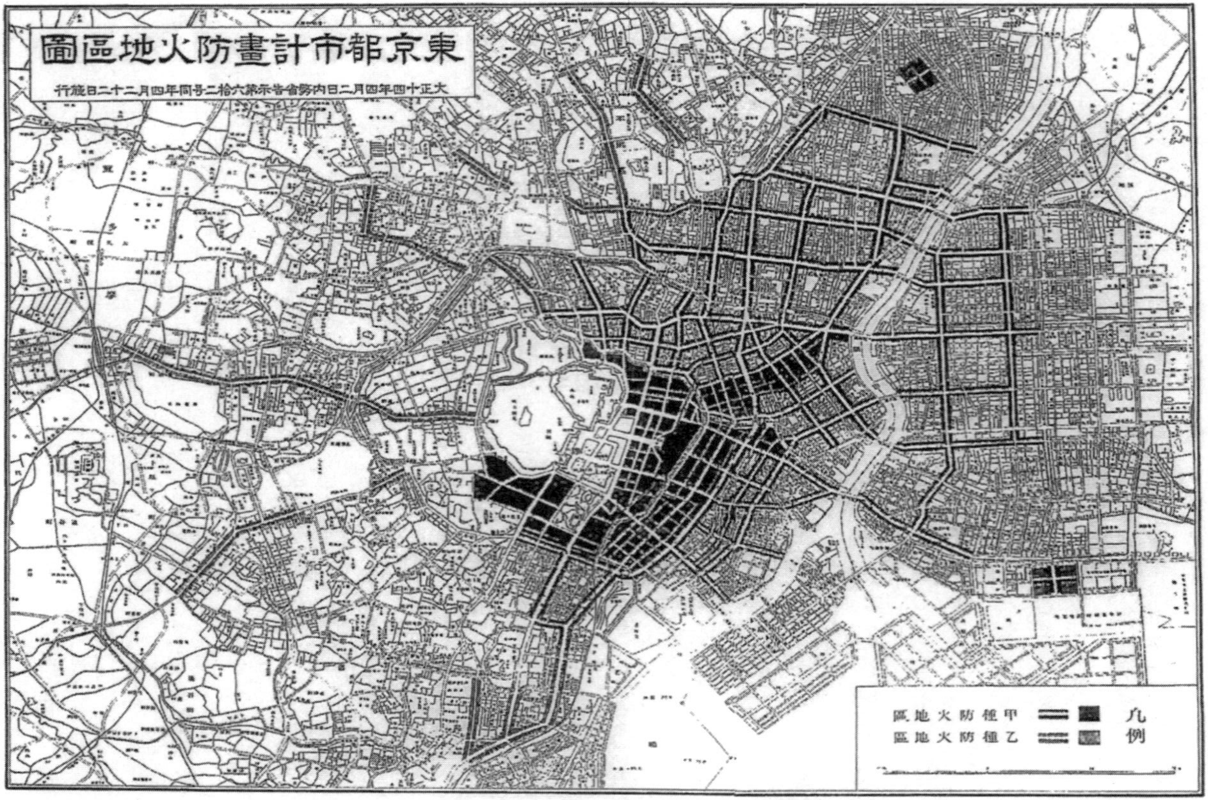

一方，神戸の東灘区，灘区，中央区，兵庫区，長田区および須磨区のうち，六甲山系を除いたビルトアップ地域における防火地域・準防火地域を推計すると**表15**（59頁参照）のようになり，これらの地域のビルトアップ地域のほぼ全域をカバーしていることとなる。

（3） 道路率・公園率

都市が火災に襲われた時，その延焼防止効果があるのは道路幅員が広いこと，あるいは公園等の空地が多いことであるが，関東大震災および阪神・淡路大震災における被災前後の道路率・公園率は**表16**のとおりである。

表16　関東大震災及び阪神・淡路大震災の被災前後道路率・公園率比較

	東京市（現在の23区）		神戸市		
	被災前	被災後	被災前		被災後
道路面積（ha）	12,300	14,376	2,625		3,076
道路率（%）	14.5	17.0	対全市	4.7	5.6
			対市街化区域	13.2	15.4
公園面積（ha）	1,430,959	3,181,820	2,266		2,488
公園率（%）	1.8	4.0	4.1		4.5

（帝都復興事業大観及び神戸市資料より作成）

なお戦災土地区画整理事業施行地区では道路率は18％から28.6％に，公園率は1.18％から5.94％に増えたのである（**表17，18**）

神戸市においては，戦災復興の実施されなかった地域の被害が大きかったことが明らかになった（**図9**参照）。戦災復興土地区画整理事業の実施の可否が，阪神・淡路大震災の被害状況を左右していたと考えられる。つまり，戦後の区画整理による効果によって被害を軽減していたと言え，もし実施をしなかった地域が多かったら被害はもっと甚大であったということができよう。

表17　戦災復興土地区画整理事業道路施行前後対照表

地区名	施行面積 (ha)	施工前 地積(㎡)	割合(%)	施工後 地積(㎡)	割合(%)	備　考
灘 (第一工区)	261.3	449,473.53	17.20	663,805.63	25.39	S61.2.12処分
灘 (第二工区)	6.9	10,768.29	15.64	18,514.93	26.89	S52.11.15処分
灘 (西灘浜手)	116.9	200,759.76	17.18	337,784.25	28.97	S52.7.26処分
葺　合	313.4	645,106.12	20.60	981,921.30	31.33	H11.8.31処分
生　田	242.8	490,139.75	20.18	764,184.45	31.46	H2.9.26処分
兵庫(兵庫山手) (第一工区)	410.7	632,527.00	15.41	1,126,813.79	27.44	H5.9.2処分
兵庫(神戸駅前) (第三工区)	23.2	67,209.97	28.98	117,979.12	50.86	S57.6.1処分
長　田	188.7	373,075.73	19.79	597,022.32	31.65	S56.6.30処分
須　磨 (第一工区)	199.2	305,554.57	15.34	423,264.58	21.25	S54.1.31処分
須　磨 (第二工区)	15.3	27,866.78	18.29	52,660.00	34.56	H8.4.24処分
計10地区	1,778.4	3,202,481.50	**18.00**	5,083,950.37	**28.60**	

（神戸市資料）

表18　戦災復興土地区画整理事業公園施行前後対照表

地区名	施行面積 (ha)	施工前 地積(㎡)	割合(%)	施工後 地積(㎡)	割合(%)	備　考
灘 (第一工区)	261.3	60,364.00	2.31	294,642.36	11.28	S61.2.12処分
灘 (第二工区)	6.9	0.00	0.00	2,364.67	3.44	S52.11.15処分
灘 (西灘浜手)	116.9	0.00	0.00	42,689.70	3.68	S62.7.26処分
葺　合	313.4	38,368.28	1.22	135,311.57	4.31	H11.8.31処分
生　田	242.8	65,963.81	2.71	115,768.63	4.77	H2.9.26処分
兵庫(兵庫山手) (第一工区)	410.7	8,420.54	0.20	182,078.14	4.43	H5.9.2処分
兵庫(神戸駅前) (第三工区)	23.2	0.00	0.00	0.00	0.00	S57.6.1処分
長　田	188.7	17,595.43	0.93	62,932.44	3.34	S56.6.30処分
須　磨 (第一工区)	199.2	19,356.51	0.97	220,377.69	11.06	S54.1.31処分
須　磨 (第二工区)	15.3	0.00	0.00	0.00	0.00	H8.4.24処分
計10地区	1,778.4	210,068.57	**1.18**	1,056,165.20	**5.94**	

（神戸市資料）

第6　関東大震災と阪神・淡路大震災

図9　戦災復興区域と地震被害図

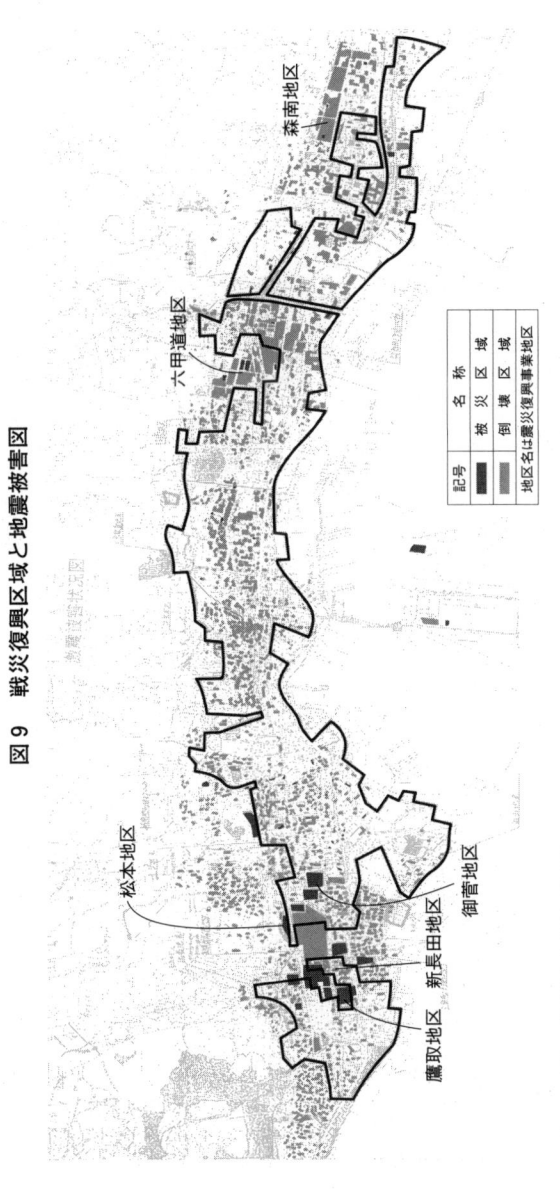

記号	名　称
	被災区域
	倒壊区域
地区名は震災復興事業地区	

森南地区
六甲道地区
松本地区
鷹取地区　新長田地区
御菅地区

(⇨ 三井・前著巻末折込(3)頁)

63

(鷹取東地区　被災時と事業完成時)

第7　耐震改修と木造住宅密集市街地

　第2で述べたように，木造住宅の被災率が高いことや耐震基準が弱い場所の倒壊率が高いことなどが明らかにされているが，これは当然予測し得たこととはいえ，実際に大震災が起きた結果で得た数字を見れば厳然としている。これをふまえた速やかな対策，
　① 建物，特に**住宅の耐震化**を進めるべきこと，
　② 老朽木造住宅が密集し，道路が狭く空地のない**木造住宅密集市街地の改善**を図っていくこと
が大きな課題として浮かび上がってくる。

（1）耐震改修

　法律の制定　阪神・淡路大震災における神戸市内の死亡者の8割が建物崩壊による即死であったことから，建築物の耐震改修の必要性が叫ばれ，震災のあった平成7年の10月に，政府は「建築物の耐震改修の促進に関する法律」を制定した。これは，学校，病院等特定多数の人々が集まる建築物を中心として，所有者に耐震診断・耐震改修の努力義務を定め，きちんとした耐震改修計画にもとづく耐震化工事に対し低利融資等の助成等により耐震改修の促進を図ろうとするものであった。その後，平成17年に同法を改正して，対象を住宅に拡大し，国土交通大臣による基本方針の策定および地方公共団体による耐震改修促進計画の策定，住宅の耐震化率を75％から平成27年度までに90％にすることを目標として，耐震診断の費用や耐震改修の費用を国と地方公共団体で補助する制

表19 耐震改修等の実績

(地方公共団体が自ら実施,又は補助等を行って把握している数)

	住宅 (共同住宅含む)
全数 (うち耐震性が不足するもの)	約4,700万戸 (1,150万戸)
耐震診断実績累計	約54万9千戸
うち国庫補助	約50万4千戸
耐震改修実績累計	約3万2千戸
うち国庫補助	18,261戸 (戸建て:14,085戸) (共同住宅:4,170戸)

(国土交通省調 H.21.3.31現在)

度や減税制度を導入したのである。その実績は**表19**のとおりであるが,まだ決して満足できる状態とはいえない。

耐震改修支援 この耐震改修は平成16年の中越地震,平成19年7月の中越沖地震においてもその必要性と緊急性が改めて痛感させられているが,これを乗り越えていくためには,

第1に,住宅の所有者,居住者の意識を強く持ってもらうことが大切である。内閣が平成17年9月に行った世論調査によると,大地震が起こると思う人と起こる可能性が高いと思う人が64.4%,大地震に対する住宅の危険度を危ないと思うと答えた人が59%いるのに,耐震診断や改修をしたと答えた人は僅か11.3%にすぎない。

第2に,こうした世論形成を図る上でも,耐震診断や改修に対する支援策も,人命尊重を重視する立場に立てば,いったん地震が起きてからの人命の損失といった人的被害や物的被害の回復に要する膨大な費用を税金で支出することになるのであるから,予防的観点から私的財産に対する通常の補助制度の考え方をかえて高率な助成制度を構築すべきであろう。

表20　防災上危険な密集市街地の地域別内訳

地　域	密集市街地の面積（ha）	構成比（％）
首都圏	10,400ha	41.6%
全　国	25,000ha	100.0%

（国土交通省資料）

　現在の耐震改修の補助率は国11.5％，地方公共団体11.5％，計23％にとどまっており，しかも地方公共団体においてはこの補助制度を作っていないところもあり，こういう状態が，耐震改修がなかなか進まない要因となっているともいえる。

　第3に，大地震の際倒壊する建築物は，昭和57年の新耐震基準以前の基準によって建てられた物が多いと考えられるが，こうした建築物を，建築基準法上既存不適格として取り扱ってきた考え方も，防災上問題のある木造密集市街地などにおいては，一定期限を限って改修，改築を義務づけ，それに対する高率の補助制度を作るといった措置もとっていくべきである。

　平成7年に地方公共団体が防災上危険と判断される市街地の面積をそれぞれ調査した集計結果は**表20**のとおりで，防災上危険な市街地は全国で25,000ha存在し，そのうち3分の2が三大都市圏に集中しているとしている。

（2）　密集市街地法の制定

　阪神・淡路大震災の際，木造建築物を中心に建物が倒壊し，火災が発生して被害が拡大した経験から政府は，大規模地震時に市街地大火を引き起こすなど防災上危険な密集市街地の整備を総合的に推進するため，「**密集市街地における防災街区の整備の促進に関する法律**」（通称「密集市街地法」）を平成9年に制定した。

　法律の内容は次のとおりである。

① **防災再開発促進地区の都市計画**

　老朽化した木造の建築物が密集しており，かつ，十分な公共施設がないこと等から地震等が発生した場合の延焼防止上避難上防災機能が確保されていない地区を防災再開発促進地区として定め，その区域内で防災街区として整備開発の計画の概要を明らかにする防災再開発方針を都市計画に定める。

② **耐火建築物への建替え，延焼防止上危険な建築物の除却**

　イ．**建替えに対する補助**　　防災再開発促進地区において，防災上有効な建替えに関する計画について地方公共団体の認定を受けた場合，共同・協調建替え事業については補助を受けることができる。

　ロ．**延焼等危険建築物に対する措置**

　　1）除去勧告　　地方公共団体は，防災再開発促進地区において，地震時に著しい延焼被害をもたらすなどの可能性が高い老朽建築物（延焼等危険建築物）の所有者に対し除去を勧告することができる。

　　2）居住安定計画の認定　　除去勧告を受けた賃貸住宅の所有者は「除去及び居住者の安定の確保に関する計画」を策定し，市町村長の認定を受け，公営住宅等地方公共団体の管理する住宅への入居，家賃の減額，移転費用の補助の支援を受けることができる。

③ **防災街区整備地区計画**

　イ．**防災街区整備地区計画**　　市町村は，火災被害の軽減に役立つよう，地区レベルの道路等の公共施設の整備とその沿道に耐火建築物を誘導するための計画事項を追加した新たな地区計画として防災街区整備地区計画を定めることができる。

　ロ．**防災街区整備権利移転等促進計画**　　市町村は，新たな地区計画の中で，地権者等の同意を得て，耐火建築物の建築

道路等の公共施設の整備など地区計画を実現する者へ土地の権利を円滑に移転するための計画を作成できる。

④ **整備の主体**

イ．防災街区整備組合　新たな地区計画の中で，地権者が協同して耐火建築物の建築や道路等の公共施設の整備を一体的に行う法人として，組合を設立できる。

ロ．防災街区整備推進機構　組合などの防災街区の整備の事業を促進するため，市町村長が「まちづくり公社」などを防災街区整備推進機構として指定し，同機構は国の融資等を活用して事業用地の先行取得や事業を行う者に対する情報の提供その他の援助を行う。

ハ．都市基盤整備公団（現在は都市再生機構）　都市基盤整備公団は，大都市に存する防災再開発促進地区で，地方公共団体の委任に基づき，市街地の整備に係る業務を行うことができる。

（3）　密集市街地法の改正

災害に強い都市づくりへ　平成13年5月内閣に都市再生本部が設置された。バブル経済崩壊後の日本経済の再生を担う役割を都市再生に求め，21世紀に向け都市の持つ活力，国際競争力を高めて経済再生の実現を図る方針が打ち出された。

その際の重点の1つとして，地震に危険な市街地の存在など，都市生活に過重な負担を強いている「20世紀の負の遺産」を緊急に解消することにより，災害に強い都市づくりをしようという計画が取り上げられた。

これに伴い，密集市街地の改造は大きくクローズアップされることになる。平成13年12月に「特に大火の可能性の高い危険な市街

地」(全国で約8,000ha,東京,大阪でそれぞれ2,000ha)について今後10年間で重点地区として整備することが決定された。これにより**密集市街地法**も強力に事業の推進,防災性の向上のための地域の整備の支援策を講ずる必要から,平成15年には**改正案**が可決成立した。その要旨は以下のとおりである。また,同法のスキームをまとめると**図10**のようになる。

① 防災街区整備方針
　従来の防災再開発促進地区という面整備に加えて,避難地,避難路といった防災公共施設をこれに面して建っている建築物の不燃化を図る防災環境の整備を追加して,名称も防災街区整備方針としたこと。

② 特定防災街区整備地区の創設
　延焼防止効果等の防災機能を向上させるために新たに地域地区として,特定防災街区整備地区を定めることができることとし,建築物の耐火化又は準耐火化,建ぺい率,壁面制限,間口率,高さ制限などを定めて建築物の建替えを誘導することとする。

③ 防災街区整備事業の創設
　特定防災街区整備地区において,特に木造建築物が多く,防災性能の低い地区について,第一種市街地再開発事業に準じて権利変換方式により共同建替えができる防災街区整備事業を創設する。
　施行者は,個人施行者,防災街区整備事業組合(2／3の権利者の同意で設立),事業会社,地方公共団体,都市基盤整備公団,地域振興整備公団及び住宅供給公社とされる。これにより一般の市街地再開発事業より柔軟に事業化を進めることができるようにしようとするものである。

④ 防災公共施設の整備
　防災性能の高い道路,公園等を地区内又は防災環境軸で早期に作ることは極めて効果が高いのであるが,現実には予算上の制約,土地確保上の制約から事業の進捗がはかばかしくないのが通例であるが,木造密集市街地の建替えの促進のインセンティブとしてはこうした防災公共施設の整備によって進む場合が多いこと再生本部の大方針を実行していくためにも,かつ,10年間で木造密集市街地を整備するという都市防災公共施設の整備予定時期を明らかにして時間管理の概念を導入したのである。

第7 耐震改修と木造住宅密集市街地

図10 密集市街地における防災街区の整備の促進に関する法律のスキーム

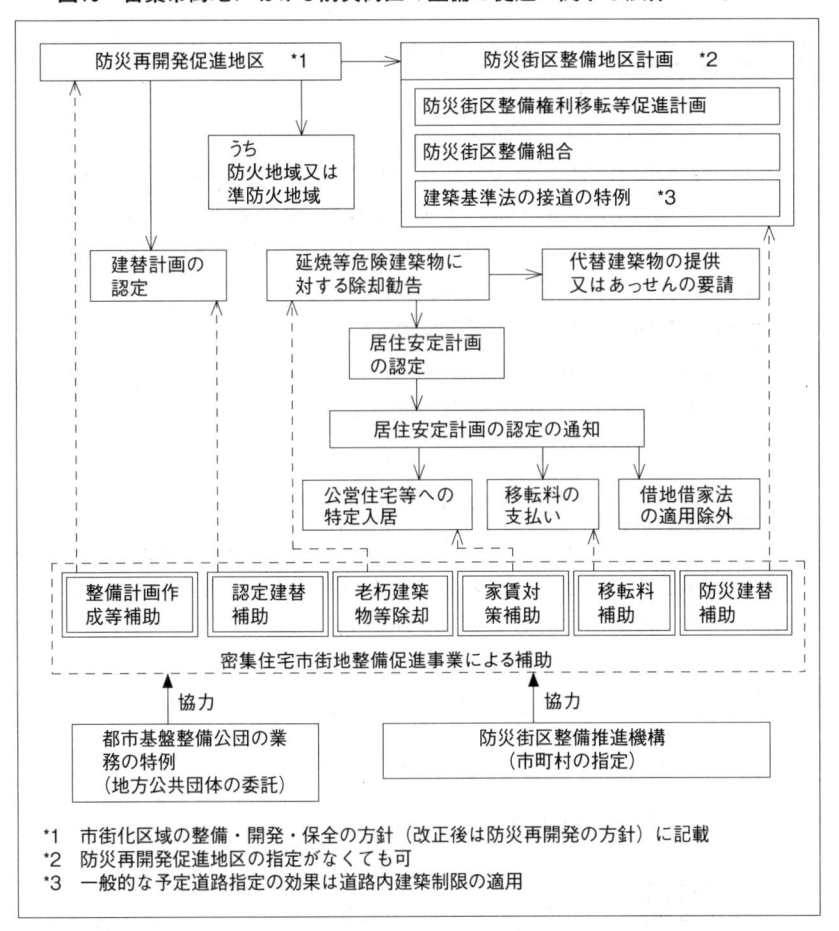

*1 市街化区域の整備・開発・保全の方針(改正後は防災再開発の方針)に記載
*2 防災再開発促進地区の指定がなくても可
*3 一般的な予定道路指定の効果は道路内建築制限の適用

(国土交通省資料)

（4） 整備地域の基準

危険度5

都市再生本部が発表した「大火の可能性の高い危険な市街地」は，第8期住宅建設5ヶ年計画において「緊急に改善すべき密集市街地等の整備を進める」と定められた際の基礎資料として使用されたものと同一のものとなっている。このうち東京都については，平成7年に木造住宅密集地域整備プログラムにおいて早急に整備すべき市街地を整備地域として約6,000haを指定しているが，この地域の選定基準は，「地域危険度のうち**建物崩壊危険度5**および**火災危険度5**に相当し，老朽木造建物棟数が30棟／ha以上の町丁目を含み，平均不燃領域率が60％未満である区域」とされる。この建物倒壊危険度，災害危険度とは，地震に関する地域危険度調査報告において使用されている指標である。

重点整備地域

そしてこの整備地域の中で，とくに重点化して展開し早期に防災機能の向上を図る地域を重点整備地域として指定している。これが11地域約2,400haとされ，これを受けて政府の都市再生本部は約2,000haとしているのである。

従って，東京都においては，危険地域の予測については緊急のための防災対策としてよりも予防的のための防災対策に利用されているといえる。

（5） 予防的都市計画への応用

木造密集地への適用

都市防火対策は，木造市街地が形成されてきたわが国においては，最も重要な課題である。これについての研究もあらゆる角度からなされてきている。

建築基準法の単体規定による防火規制，都市計画上の用途規制と重ねて定められる防火地域，準防火地域による集団的防火規制からはじまり，防火帯構想，防災建築街区構想等実際の都市建設にあたっ

ても経験が積み重ねられてきた分野である。

阪神・淡路大震災においても，耐火建築物がかなり存在していたものの，木造建築物も多く，木造住宅密集市街地を中心に66haが地震に伴い発生した大火によって焼失した。

阪神・淡路大震災での大規模火災の発生という教訓をふまえて制定された「密集市街地における防災街区の整備の促進に関する法律」は，阪神・淡路大震災に関し，おこった火災についての消防研究所と建築研究所の調査が行った調査結果にもとづいて提案されたものである。大規模火災の延焼要因として，市街地遮断効果のある空地，道路，鉄道が約7割を占め，さらに燃失面積1,000㎡以上の43の大規模火災地区について，火災規模と市街地構造を分析すると，1棟あたり平均宅地面積100㎡以下の狭小建築物が密集している地域で，大規模火災が高いことが明らかにされている。

DISの導入 この木造住宅密集市街地は，狭小過密な住宅地が多く，道路も狭くかつ不整形で再開発がなかなか進まなかった地区であり，しかも建築物が老朽化しているため災害に弱い市街地である。ここに**DIS（地震防災情報システム**，Disaster Information Systems）で開発したシステムを導入して，科学的，客観的に地域の権利者，居住者，周辺の住民の理解を求めるようなデータを提供して防災的街づくりを進められないだろうか。

現在のDISは固定資産税台帳をもとにして大都市では区ごと，通常の市町村では町名ごと程度に，建築物の木造・非木造別，建築基準法の耐震基準の抜本改正が施行された昭和57年以後と以前の年代別によって集計されたデータを1キロメッシュに落として被害予測をしている。これはDISが全国をネットワークとして構築していることから，大都市から山間過疎地域まで一律のデータベースにもとづいて，粗い建築物の分布データのインプットにせざるを得ないためといえる。とくに防災対策上の課題である木造密集市街地の

多い大都市においては、これを建築確認による書類をもとにして個々の建築物の属性をデータとして入力することによって、より精度の高い被害予測を簡単に手に入れることができ、地区住民へより客観的、合理的な危険の予知、説明をすることが可能となり、効果的な防災対策を進めることができ、最終的には起こり得る大震災から住民の生命、財産を守ることになるといえる。

　このDISは、2つの点で防災対策に有効である。

　第1はそれぞれの都市において大地震が起きた時、建築物の倒壊等の状況が把握でき、緊急の救命・緊急活動に行くべき地域の優先度が決められ、活動が迅速かつ効果的に行えるということである。

　第2は、あらかじめ都市ごとに震源とマグニチュードを入力して被害予測を算定し、被害の大きい地域の防災都市計画を地元関係権利者、住民と話し合いをして基礎的な予測データを提供することができるのである。

第8　復興計画

　地震に限らず大きな災害が起こると，そうした災害が二度と起こらないように，災害に強い理想的な街を作ろうという気運が湧き起こる。立派な復興計画を作ろうというのだ。

　関東大震災後の東京の都市計画，第二次世界大戦後の名古屋，広島など，百都市を超える都市での戦災復興計画や，酒田市の大火の後の復興計画など数え上げるときりがないほどの復興計画が積み重ねられてきた。

　市街地が壊滅的被害を蒙ったことによって，その市街地のきちんとした復興が必要となってくるのは当然のことであるが，その際に整理しておくべき論点は以下の5点である。

① 　復興計画の手法
② 　復興計画の目標と内容
③ 　地区選定の基準
④ 　計画達成の手段
⑤ 　合意形成のプロセス

1　復興計画の手法

被災市街地の復興にあたっては，都市計画の手法として，
（1）土地区画整理事業
（2）市街地再開発事業
（3）地区計画
がある。

都市計画以外の手法としては，公営住宅，特定優良賃貸住宅，公団住宅，公社住宅等の公的住宅供給，住環境整備事業，住宅市街地総合整備事業などがあるが，ここでは都市計画について述べる。

　阪神・淡路大震災においては，主として伝統的な土地区画整理事業，市街地再開発事業であり，それに被災市街地復興特別措置法によるこれらの手法の部分的手直しにより事業が実施され，これに地区計画による建築誘導手法が加えられ実施された。

　したがって，関東大震災のように特別都市計画法を制定して土地区画整理事業によって復興していこうとしたような抜本的な改善手法をとることなく，既に確立されてきた制度を前提に技術的改善手法によって行うことで足りると考えられた。

2　復興計画の目標

　被災後の復興計画の目標は迅速な機能回復と被災抵抗力の強化にある。それは，特に道路，鉄道，河川等の公共施設，庁舎，学校，福祉施設等の公共建築物といった線的，点的施設の復興については当然として，住宅地，商業地，工業地といった面的な復興についてもあてはまる目標であり，かつ，原則である。

　多くの居住者の住む住宅地，商業地が被災した阪神・淡路大震災の復興都市計画は，早期の居住回復という迅速性の原則と被災抵抗力の原則との相剋の場であった。

（1）　迅速性の原則

　阪神・淡路大震災において，神戸市のピーク時の避難者数23万6,899人，仮設住宅入居者数5万7,224人（平成7年12月）と市内人口の2割強が避難所生活をし，6％弱の人口が仮設住宅で暮らすという状況の中で，市民としては一刻も早い居住回復を望むのは当

然の心理である。

1 被災地の調査の実施

　神戸市の都市計画部局は，消火活動が未だ完了していず，救助活動も続けられているなか，職員による被災状況調査を1月18日と19日に実施している。

　　のちに発表される国土地理院による航空写真（1月17日撮影，1月26日公表）による被災状況読み取り調査，日本建築学会近畿支部，都市計画学会関西支部による合同調査（2月初旬実施，3月中旬公表）の結果と比較すると，粗ではあるが大局判断をする資料としては充分有効な調査であった。

　大規模被災地の復興を図るためには，土地区画整理事業と市街地再開発事業が有効である。したがってその区域を決定するに足るデータの収集は迅速でなければならない。より詳細かつ正確な調査が実施されたとしても，時間的に合わなければ批判の対象となる。消火活動，人命救助活動が一段落つくとすぐ「居住回復」をいかなる方法でいかなる時期から始めるかに関心と議論が集中することとなる。従って国土地理院の調査，両学会の調査結果を待って区域決定していく手順では，被災地の心理状態を考慮すると遅きに失すると言わざるを得ないことから，被災直後の市独自の調査は迅速性の原則に沿ったものといえる。

　この調査により判明したことは，震災による被害が甚大であったこと，なかでも神戸市が戦後鋭々と進めてきた**戦災復興地区を施行していなかった地区の被害が大きかった**ことである。

　市はフィジカルな復興計画の区域として次の3区域を選定する。
① 　多くの建物が焼失・倒壊している地区（A）
② 　都市計画道路等の都市基盤施設や区画道路，公園等の身近な生活基盤施設の整備が遅れており，居住環境，消防面からみて早期に整備改善を図るべき地区（B）

③ 東部，西部の副都心をはじめ，神戸市のマスタープランにおいて都市整備上の位置づけがなされるなど，都市機能の更新を図るべき地区（C）

2 「震災復興市街地・住宅整備の基本方針」の公表

　神戸市は前記の基本方針を決定した後，具体的プランについて地区の区域の画定と事業計画の基本的方針の素案を検討した。被災直後の消火・救助活動から復旧活動へ移行するにつれ全体の復興についての動きが始まり，国においても「阪神・淡路大震災復興の基本方針及び組織に関する法律」を始めとする復旧・復興に関する法案，復興委員会，復興対策本部についての具体化が進むに合わせて神戸市，兵庫県も復興構想を発表し，被災者，被災地の復興に向けての議論が白熱化した。神戸市は，被災直後から検討していた復興計画のスケルトンを「震災復興市街地・住宅整備の基本方針」として1月31日に公表した。このなかで，**「不幸な被災を乗り越えて復興にあたる」ことを宣言**し，あわせて「このため総合的な復興基本計画を策定し，とりわけ**災害に強いまちづくりを行う。**」と市民に向けて表明した。市として復興に取り組む姿勢を示すにはこれしかないという選択であった。

　その具体策として，
① 震災により倒壊・焼失した家屋が集中している区域のうち，都心機能の再生や災害に強い市街地としての整備が特に必要な地域において，面的な都市計画事業等を行うこととし，事業の円滑な実施のため建築基準法第84条の区域指定を行う。
② 震災復興緊急整備条例を制定し，被災市街地の大半について震災復興促進区域の指定を行い，同地区での建築行為の届出制により良好な市街地の形成を目指す他，重点復興地域を定め，面的な市街地整備事業や建築行為の誘導を行う。

ことを明らかにする。

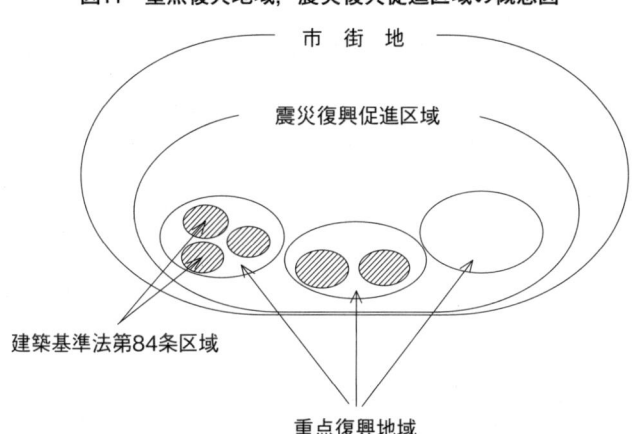

図11 重点復興地域，震災復興促進区域の概念図

市　街　地
震災復興促進区域
建築基準法第84条区域
重点復興地域

出典：阪神・淡路大震災関係資料 Vol.2 第4編恒久対策第3章復興委員会01 阪神・淡路復興委員会（1999年3月）　総理府阪神・淡路復興対策本部事務局154頁

　この復興の基本方針の概念図は**図11**であるが，この基本方針発表時は同時にその区域および事業・誘導手法（区画整理再開発又は地区計画）が明示されており，神戸市としてはこの時点までに復興のフィジカルプランについて素案を固めていたのである。

3　建築基準法第84条の区域指定

　「震災復興市街地・住宅整備の基本方針」が公表された翌日の2月1日に神戸市長は，建築基準法第84条の区域指定を6地区約233haについて指定する。この6地区はのちに正式に都市計画として決定される地区であるが，前記①被災地の調査の実施A，Bに該当する地区は都市計画事業土地区画整理事業，Cにも該当する地区は都市計画事業市街地再開発事業，およびA，Cに該当する地区は地区計画という整理が内部的には内定されていたが，公表されたものとしては，六甲道駅周辺と新長田駅周辺の2地区が区画整理および

表21 土地区画整理事業，市街地再開発事業および地区計画の区分

選定基準＼手法区分	土地区画整理事業	市街地再開発事業	地区計画
区域内建物	2／3以上 全・半壊	2／3以上 全・半壊	1／2以上 全・半壊
面的基盤整備	必要	必要	──
第3次神戸市 総合基本計画 （マスタープラン） （昭61.2）	──	副都心整備の位置づけ （六甲道駅周辺及び 新長田駅周辺）	──

（出典：神戸市資料）

再開発を実施する地区，三宮が地区計画の地区とされ，その他の地区は区画整理によって事業を実施する地区とされた。

また六甲道駅周辺と新長田駅周辺の地区については，区画整理と再開発の事業区域は対外的には明らかにされてはいないが，内部的には決められていた。土地区画整理事業，市街地再開発事業および地区計画の区分の考え方は概ね**表21**のとおりとされた。

> **建築基準法第84条**の規定は，**第1項**で「特定行政庁は，市街地に災害があった場合において，都市計画又は土地区画整理法による土地区画整理事業のため必要があると認めるときは区域を指定し，災害が発生した日から一月以内の期間を限りその区域内における建築物の建築を制限し，又は禁止することができる。」と定めている。

ここで注目しなければならないのは「都市計画又は土地区画整理事業のため必要があると認めるとき」，「区域を指定し，」「災害が発生した日から一月以内」という文言である。即ち，被災地とはいえ建築制限を課すことは国民への権利規制であることから，その権利制限をなすべき明確な根拠として「都市計画又は土地区画整理事業の施行のため」に求め，その手段として「災害発生した日から1月以内」としていることである。ここに被災地の復興計画を樹てるにあたっての時間管理の必要性──迅速性の原則──拠って立つ原理

80

がある。市としては円滑な復興計画の実施にあたって建築制限は絶対不可欠の条件であり、そのためにはどの区域でどのような都市計画、土地区画整理事業を定めておくかが緊急の課題であるわけである。これは後述するが、より理想的なあるいは危機管理を可能とする復興計画を構想し、考慮し、案を作成しても、それが地権者、住民に説明し早期に了解が得られるものでなければ、この指定にあたっては原状回復的ないしは市民も含めて従来から経験してきた手法に傾斜せざるを得ない論理的な帰結へとつながるものとなってくるのである。

（2） 被災抵抗力の原則

震災は不可抗力?　震災により甚大な被害を受けた地域にはそれなりの原因が存在する。震災を不可抗力としてあきらめるのではなく、その原因を除去し将来における同様の震災への抵抗力のある市街地として作り直すという、被災抵抗力の原則が復興計画の目標でなければならない。従来から確立された理論として言われてきたことは、延焼防止効果のある道路・公園という都市施設の造出と耐火・耐震建築の促進である。

　阪神・淡路大震災においても広幅員道路や公園、学校用地などの空地が延焼遮断効果を発揮し、さらに防火地域制による鉄筋コンクリート造りなどの耐火・耐震堅牢建築物が被災抵抗力を示し、かつ、延焼遮断効果をも果たしたことは前述のとおりである。

　被災状況からみて老朽木造建築物の多い地区、また狭小道路および敷地条件により、被災抵抗力のある建築物が少ない地区での被害が大きかったことから考えると、耐震、耐火建築物の建設と公共空地の増加が被災抵抗力の原則から導き出される。

被災地を想定する　被災抵抗力はこの堅牢建築物の建築と道路、公園の施設増強はミニマムなものであり、これはあくまで

81

もフィジカルな抵抗力を増大させるにとどまる。被災抵抗力の増大は，こうした物理的抵抗力を増大させるだけでは万全ではないというリスクマネジメントの考え方から，震災が起きれば当然被災があるという考えで，復興計画の対象外とされていた近隣地区の被災者も含めて利用できるような，自己完結的な被災時の緊急防災活動に役立つ抵抗力のある計画をたてて実行することである。すなわち復興計画を実施する地区には，**防災遮断効果のある建築計画を建て**，遮断された街区内の空間に**避難広場**，建築物内（地下を含めて）に**備蓄倉庫，防水槽等を設置する**というものである。この考え方は，東京都が江東地区で，昭和44年から防災拠点構想にもとづき大規模工場跡地等を利用して白髭地区，亀戸・大島・小松島地区，猿江地区などで実施されてきた考え方であり，被災地についてもこの考え方は有効であることはいうまでもない。

さらに阪神・淡路大震災での経験からも，被災直後の緊急防災活動である救命救助活動に資する避難施設設置増大，ヘリの離着陸用地の確保等の全市的広域的防災機能強化を図るという，被災抵抗力の強化も復興計画として組み入れられなければならないことが求められているのである。

（3）　土地利用の合理化・純化と狭義の復興計画論

被災抵抗力の原則からすると，基本的には被災抵抗力が弱かった公共施設および建築物に抵抗力が備わればよいわけである。従前の土地利用が混在化していたとしても，原形に復旧することが重要であるといえる。また居住者の多くは，元どおりの居住回復を願うのが常であることから，迅速性の原理からもそれが支持されることとなる。

| 理想的土地利用のヴィジョン | しかし，復興計画には，既存の土地利用で混在しているものの，純化，不整形宅地の |

整理統合，街区景観の形成，将来に向けての望ましい土地利用への転換も期待され，理想的土地利用の実現が内包されている。したがって広義の復興計画においても，特に被災地，被災者にとって力強い将来の積極的な明るいヴィジョンが示されることが，真の復興へとつながる道標となってくることも忘れてはならない。

広義の復興計画は，震災で受けた打撃を跳ね返して将来の発展を約束するようなものとして認識され，被災地において示すことが必要である。阪神・淡路復興委員会が復興10カ年計画を策定するよう提言したのは，復旧的復興計画に限らずあらゆる分野における復興施策を盛り込んだ計画という意味であり，そのなかでも復興のシンボルとなるような事業を復興特別事業として選定し，国もオーソライズすることによって経済的，物理的，心理的にダメージを受けた被災地が力強くリバウンドできるような事業を中心に据えて復興を図ろうとしたものであり，その効果はきわめて大きい。

目的実現のための都市計画 また混合的土地利用の多いわが国の都市においては，震災をとらえて例えば住居地域に存在していた工場などの土地利用を排除し，土地利用の純化を図ることもしばしば試みられる。復興計画をより良い都市計画を創出するという意味で捉えると，これも言葉が適切ではないかもしれないが，火事場を利用しての目的実現という効果を有するものといえる。

こうした土地利用純化・合理化論から見た復興計画論は，社会的にはきわめて高く評価されるべきであり，それに対して議論を呼ぶ余地はない。しかしこれを防災対策，防災計画の観点に焦点を絞って見ると議論の余地が残ると言わなければならない。

阪神・淡路復興対策委員会の提言・意見も，阪神・淡路復興対策本部の復興の基本的方針の取りまとめにおいても，文言としての安全な都市づくりのための復興計画を唱え，土地区画整理事業，市街地再開発事業等の復興事業の推進を述べるにとどまり，わが国が近

代都市計画を採り入れてから鋭々と築いてきた都市計画において，阪神・淡路のような大震災による被害を防止し得なかったことへの対処に対する考え方については，専門的，技術的，制度的部門の扱うべき問題としているようにも受け取れるといえる。

　被災地の復興計画は，防災計画としての都市計画が被災抵抗力を充分有していなかったと考えれば，土地利用の合理化，純化に特化した復興計画よりも防災性を高める復興計画こそが，重要であると考えなければならない。

3　復興計画の理想

　大震災の被害にあった直後は，もう二度とこんな被害には遭いたくない，どんな災害がこようともそれに耐えられる強い街に住みたいと思うのはごく自然の考えである。したがって大地震にも強い，そしてそれから発生する火災にも強い街づくり，すなわち復興をしたいと考える。

　しかし，現代のように高度に発展した社会では，昔と違って農村社会が色濃かった時代，戦後の高度成長が進んだ都市化の時代以前の都市と違って，めまぐるしく進歩した高度都市社会では，被災者といえども現代の経済活動，社会活動をしていかねばならない。それは早く復興をして居住回復をし，活動ができることが要求される。これが復興計画の迅速性の原則である。理想的復興計画が目標とするところと迅速性の原則とは，原理的に相矛盾する関係にあると言える。

　阪神・淡路大震災のような大災害の場合には，相当広範囲に被害がわたっていることもあるので，所謂復興計画という位置づけがないままに，個々の住宅や工場が建てられ，場合によっては共同建築が実施に移された。しかしながら被害が集中して起きた地域で，その地域全体をきちんとした計画の下に復興していこうと決められた地区では復興計画が立てられた。この復興計画は神戸市が先導して

市民に提案された。

その地区の選定基準は前で述べたとおり（77〜78頁）であるが，計画を進めていくにあたっては，地区の住民や土地の権利者の合意協力が欠かせない。

（1） 二段階都市計画論とまちづくり協議会

神戸市の主導した復興計画は，土地区画整理事業と市街地再開発事業が主たるものであるが，これらの事業は都市計画法の手続きにのっとって決定された。

市が原案を作成してその案を市民に縦覧し，説明会を経て意見書の提出を求め，まず市の都市計画審議会で審議した後，兵庫県の都市計画審議会の議を経て，兵庫県が決定し，国の認可を受けて事業が実施されるのである。この案の決定にあたって，街や関係権利者がどのように関与するかによって，計画の内容が固まり，その事業実施の，特に住民自治の観点からいっても，この点の重要性は今回の復興計画の実施に当たってもきわめて強く認識されたといえる。

阪神・淡路大震災の復興計画においては，特徴ある手法が2つ取り入れられた。

1つは**二段階都市計画論**である。骨格となる都市計画，例えば市全体の交通体系上から必要とされる幹線道路の計画をまず決めて，個々の宅地にたてられる建築計画や生活に身近な道路や公園などの計画は，住民の意見交換を充分して，合意ができたものを取り入れていくという手法を採ったことである。

2つ目は，従来から神戸市の都市計画では実施に移されていたのであるが，都市計画を決めるにあたって，**まちづくり協議会**を地区ごとに作り，その協議会での集約された意見を計画に採り入れていくという仕組みである。阪神・淡路大震災の復興計画には，この2つの特色ある手法が牽引力となったと言える。

図12 二段階都市計画概念図

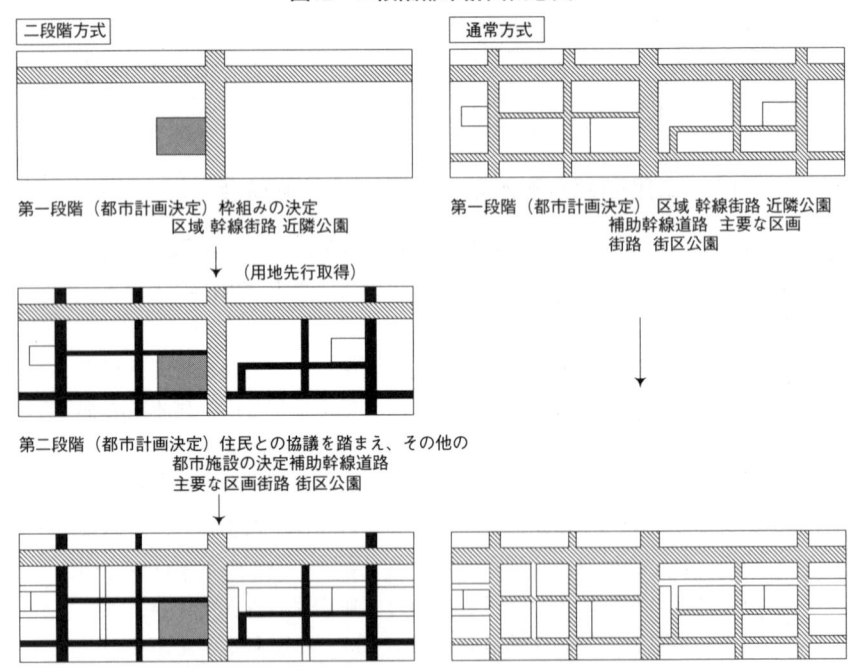

二段階方式	通常方式

第一段階（都市計画決定）枠組みの決定
　　　　　　　　　　　区域 幹線街路 近隣公園

第一段階（都市計画決定）区域 幹線街路 近隣公園
　　　　　　　　　　　補助幹線道路 主要な区画
　　　　　　　　　　　街路 街区公園

↓（用地先行取得）

第二段階（都市計画決定）住民との協議を踏まえ、その他の
　　　　　　　　　　　都市施設の決定補助幹線道路
　　　　　　　　　　　主要な区画街路 街区公園

↓

第三段階（事業計画決定）区画道路等も含め、事業計画決定　　第二段階（事業計画決定）区画街路
（出典：阪神・淡路大震災神戸復興誌（平成12年1月）神戸市，708頁）

1 二段階都市計画論

　土地区画整理事業や市街地再開発事業等の面的整備事業では，通常まちづくり協議会などでの調整を経た上で都市計画の手続きに入るのが通例である。したがって権利調整には充分な時間を費やして，ほぼ全体の合意がとれるまでの間そのプランは公式の都市計画として確定されない。しかし，大災害後の緊急時においては被災市街地の主要な道路などの，復興の骨格となる部分はなるべく早く確定することが望ましく，また，被災の経験を生かした防災性の高いまち

づくりの骨格を確定し，それを基にして詳細な部分を決めていくことのほうが合目的的である。このことから1日も早く復興計画を示し，まちの再生を進める必要があることから，当初の都市計画決定は，区域および主要な道路，公園といった基本的な枠組みを第一段階の都市計画として定め，第二段階で住民意向を反映させたうえ，細部の身近な道路，公園や建物用途の制限，高さの限度等をルール化する地区計画等の都市計画を定める，二段階方式の都市計画を決めることとされた。これを模式化すると**図12**のようになる。

そして，復興都市計画の時間的経緯をまとめてみると**表22**になる。

2 まちづくり協議会

二段階都市計画論の中心的命題は早期復興計画の実現と住民参加の結合にある。被災者の生活回復を図るためには早期復興の必要性が要求され，そのため復興の基本的枠組みとしての区画整理をすべき区域，主要な公共施設計画を第一段階として市が示し，それに基づく詳細なプランは充分な住民の参加による協働のまちづくりを目指そうとするものである。この協働のまちづくりの推進は，

① まちづくり協議会
② 現地相談所
③ まちづくり専門家

この三本柱によって神戸市が実施しようとするものであった。

神戸市地区計画及びまちづくり協定に関する条例 神戸市におけるまちづくり協議会の歴史は昭和56年に「神戸市地区計画及びまちづくり協定に関する条例」が制定されたことにはじまる。この条例により，地区内の居住者，事業者及び土地又は家屋の所有者はまちづくり協議会を設置することができ，市長が認定するとまちづくりの構想に係る提案を策定し，市長はその提案に配慮する努力義務を負うとされていた。

表22 神戸市震災復興土地区画整理事業経緯表 (二段階都市計画手続分)

H15.6月末現在

項目	地区	全体	森南第一	森南第二	森南第三	六甲道駅北	六甲道	松本	御菅東	御菅西	新長田駅北	鷹取東第一	鷹取東第二
		143.2ha	森南 16.7ha			六甲道 19.7ha		松本 8.9ha	御菅 10.1ha		新長田・鷹取 87.8ha		
			6.7ha	4.6ha	5.4ha	16.1ha	3.6ha	8.9ha	5.6ha	4.5ha	59.6ha	8.5ha	19.7ha
震災前	人口 世帯数	26,083人 11,177世帯	1,390人 607世帯	1,001人 513世帯	891人 351世帯	4,128人 1,810世帯	1,098人 494世帯	2,367人 1,201世帯	1,225人 554世帯	647人 301世帯	7,587人 3,267世帯	2,051人 905世帯	3,698人 1,734世帯
	被災状況	6,182/7,693=80%		582/902=65%		683/1,019=67%	219/314=70%	517/641=81%	478/520=92%	276/334=83%	1,780/2,217=80%	534/550=97%	1,083/1,195=91%
建築基準法第84条指定								当初 H7.2.1 (2.1迄) 延長 H7.2.17 (3.17迄)					
震災復興緊急整備条例								H7.2.16公布, 施行					
震災復興促進区域指定								H7.2.16 (全指定面積約5,887ha のうち)					
重点復興地域指定								H7.3.17 (全指定面積約1,225ha のうち)					
建築制限開始								H7.3.17					
震災復興土地区画整理事業 第一段階													
震災復興都市計画の内容公表								H7.2.21 (全体地区として公表)					
都市計画案の縦覧								H7.2.28～3.13					
都市計画決定								H7.3.17					
第二段階													
都市計画案の縦覧		H9.4.9～4.22	H9.10.7～10.20	H11.6.1～6.14		H6.6.5～6.18	H8.1.10～1.23	H6.6.5～6.18	H9.1.16～1.29	H8.3.5～3.18		H8.11.6～11.19	
事業計画案の縦覧		H9.6.26～7.9	H9.11.28～12.11	H11.8.12～8.25		H6.8.28～9.10	H8.1.24～2.6	H8.9.4～9.17	H8.10.25～11.7	H8.3.19～4.1	H7.9.18～10.1	H9.1.7～1.20	
事業計画の決定		H9.9.25	H10.3.5	H11.10.7		H8.11.6	H8.3.26	H8.11.6	H9.1.14	H8.7.9	H7.11.30	H9.3.5	
地区計画決定		-	-	-		H9.2.28	H8.11.5	H8.11.5	H9.11.27	H8.11.5	H8.11.5	H8.11.27	

(神戸市資料より作成)

第8　復興計画

　震災前に既に12のまちづくり協議会ができて活動していたという実例があったことが，この復興都市計画の大きな推進役となる土台が築かれていたといえる。このまちづくり協議会は地元の住民により組織化され，事業地区に1つである場合や，複数である場合の如何を問わず，神戸市の現地相談所，あるいは派遣されたまちづくり専門家との度重なる協議・相談によりまちづくり方針の決定，まちづくりの提案，土地区画整理事業計画，土地区画整理審議会への参画と第二段階の都市計画の決定と実施に主体的に関わっていったのである。

<u>現地相談所</u>　こうして設立された協議会数は全地区で48にのぼり（その後統合等により45になった），まちづくり学習会，住民のアンケート調査，将来像についての討論を経てま

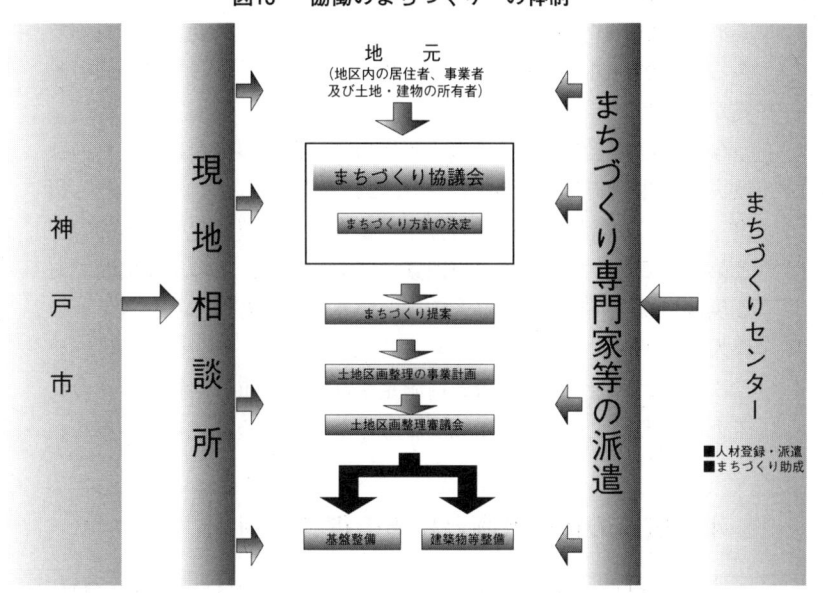

図13　"協働のまちづくり"の体制

(出典：阪神・淡路大震災神戸復興誌（平成12年1月）神戸市，717頁)

ちづくり提案を作成し，神戸市に提出，市はその内容を可能な限り反映した事業計画を作成し，決定していく流れとなっていったのである。このまちづくり協議会活動を支えるために，市は現地相談所を平成7年4月24日全地区に設置して市職員を常駐させ，直接住民からの相談を受けて話し合い，さらにまちづくり専門家を派遣し，まちづくり協議会の活動の際に専門家としての立場からアドバイスを行うことにより，円滑な議論の進行に役立ったのである。

このまちづくり協議会，現地相談所，まちづくり専門家の協働，まちづくりの関係を表したのが**図13**であり，その活動を表したのが**表23**である。

まちづくり協議会の効果 このまちづくり協議会の仕組みは，震災復興土地区画整理事業についていえば，11地区143haの事業が**表23**のように極めて早期に完成又は進捗していることから，震災復興事業に限らず一般の都市計画についても制度として有効であることが判明し，一般化すべき状況を創り出したことに今回の意義があるといえる。

今回の復興土地区画整理事業が極めて早期に事業が進捗したのは，被災者の生活再建意欲が強かったことを基盤にしていたことと相俟って，二段階都市計画論の採用，まちづくり協議会の主体的参加と第三者であるまちづくり専門家のアドバイス，市の出先機関である現地相談所の行政への高密着度という協働まちづくりシステムの導入の効果が大きかったといえる。

このことは今後の震災復興に限定されず，都市計画制度へこのシステムを内蔵することを示唆するものと受け止めるべきであろう。

4　広義の復興計画と狭義の復興計画

地震に限らず災害が起きて被害を受けた地域では，緊急に行われ

表23 神戸市震災復興土地区画整理事業経緯概表（合意形成手続分）

H15.6月末現在

地区 項目	全体	森南 16.1ha			六甲道 19.7ha		松本 8.9ha	御菅		新長田・鷹取 87.8ha		
		森南第一	森南第二	森南第三	六甲道北	六甲道西	松本	御菅東 5.6ha	御菅西 4.5ha	新長田町北 59.6ha	鷹取東第一 8.5ha	鷹取東第二 19.7ha
面積	143.2ha	6.7ha	4.6ha	5.4ha	16.1ha	3.6ha	8.9ha	5.6ha	4.5ha	59.6ha	8.5ha	19.7ha
震災前人口世帯数	26,083人 11,772世帯	1,390人 637世帯	1,001人 513世帯	891人 351世帯	4,128人 1,810世帯	1,098人 494世帯	2,367人 1,206世帯	1,225人 554世帯	647人 301世帯	7,587人 3,267世帯	2,051人 905世帯	3,698人 1,734世帯
権利者数		H9.11	H10.5	H12.1	H13.11	H8.7	H13.6	H14.2	H14.2	H13.4	H8.5	H13.4
土地所有者 借地権者	4,211人 507人	246人 5人	171人 8人	176人 1人	607人 70人	227人 34人	315人 74人	235人 6人	109人 12人	987人 127人	473人 56人	665人 114人
計	4,718人	251人	179人	177人	677人	261人	389人	241人	121人	1,114人	529人	779人
仮換地指定	89%	H10.3.12 100%	H10.11.25 100%	H12.5.31 87%	H9.2.28 96%	H8.11.29 100%	H8.11.30 96%	H9.10.16 100%	H10.1.8 96%	H9.1.20 80%	H8.8.28 100%	H9.9.6 86%
換地処分		H15.2.14	H15.2.14			H13.7.24		H15.4.11			H13.2.21	
まち協団体数	44	1	1	1	8	1	1	1	1	18	1	10
まち協提案		H9.3,H9.5,H9.9,H11.3			H8.4	H7.11	H7.12, H8.7	H8.4	H8.9	H7.10～H8.10		H7.12, H8.9～10
現地相談所	延べ14,194名 14,687件	712名 792件			3,777名 3,795件		1,419名 1,621件	3,933名 3,234件		2,020名 2,637件	2,333名 2,608件	
地元説明会	3,360回	379回			429回	228回	277回	286回	146回	1,333回	97回	166回

(阪神・淡路大震災関係資料 Vol.2 第4編恒久対策第3章 復興委員会01阪神・淡路復興委員会（1999年3月）総理府阪神・淡路復興対策本部事務局、193～196頁および神戸市資料より作成）
(出典：阪神・淡路大震災関係資料 Vol.2 第2編第1章住宅対策 応急住宅（1999年3月）総理府阪神・淡路復興対策本部事務局、26頁）

る救助活動や応急復旧活動に続いて被災地域の復興計画が樹てられる。特に大きな災害が起きた場合は広い地域にわたって被害が拡大すると経済活動や生活全般にわたって復興しなければならなくなり，復興のための施策，復興計画を作ることは不可欠となる。復興計画は基本的には地方自治体が樹て，それを国が支援するというのが通常の場合であるが，阪神・淡路大震災のような大規模災害の場合は，国がはじめから乗り出さなければならなくなる。

　緊急災害対策本部を中心として必死の応急対策が講じられているなか，政府内部では復興に向けての組織をいかにすべきか検討が開始される。地震が起きた10日後には復興対策の組織について関東大震災の帝都復興院や第二次大戦後の戦災復興院といった復興院構想，あるいは復興庁のような案とか復興対策本部などの案が議論されはじめ，そしてこうした組織の下に早急に復興プランの基本方針の検討に着手すべきこととされる。

　国として被災地の復興を支援するための組織として，阪神・淡路復興対策本部と阪神・淡路復興委員会が作られた。

（1） 阪神・淡路復興対策本部

「阪神・淡路大震災復興の基本方針及び組織に関する法律」は1995年2月24日に施行された。この法律の要旨は，

① 阪神・淡路地域の復興は，国と地方公共団体とが協同して，生活の再建，経済の復興及び安全な地域づくりを緊急に推進すべきことを基本理念として行う。

② 国は，阪神・淡路地域の復興に必要な法律を多くの分野にわたって法案化を進める。

③ 関係行政機関の復興施策に関する総合調整等を行うため，総理府に阪神・淡路復興対策本部を置くとともに，その長を阪神・淡路復興対策本部長として，内閣総理大臣をもって充てる

とともに，副本部長・本部員は国務大臣をもって充てる。
というものであった。

（2） 阪神・淡路復興委員会

　阪神・淡路復興委員会は内閣総理大臣の諮問に応じて関係地方公共団体が行う復興事業への国の支援，その他関係行政機関が講ずる復興のための施策に関し，総合調整を要する事項を調査審議するための組織として設置され，学識経験のある委員7人，特別顧問2人で構成された。

　高度経済社会として発展した現代社会において，都市における諸機能・諸活動が相互に密接に関係し合っている状況下にあり，そこで大きな災害が発生することはこれらの諸機能・諸活動が分断され，直接被災していなくても被災地の生産活動や被災地との協同作業をしている地域の復興対策は，ひとり被災地域のフィジカルな復興計画の実施にとどまらず，波及する地域を含めての総合的対策が必要となってくる。したがって復興計画という名前はかなり広義のものとなったのである。

　したがって広義の復興計画は，あらゆる行政部局が総動員して当たらねばならなくなってきたことから考えると，現代における復興事業は全省庁を挙げて，かなりこと細かに取り組まなければならない。その点大正時代関東大震災当時のようにまだ複雑化していなかった時代では，復興庁という一元的組織がフィジカルな復興都市計画を実施したのとは異ならざるを得ない必然であったといえる。

　阪神・淡路復興委員会は，阪神・淡路地域の被災地の復興に関し意見を内閣総理大臣に具申し，政府としてとるべき総合的復興対策についての指針を示すことが求められ，2月から10月までの間に主として特定課題に集中して議論をして提言を行った。提言された特定課題としては，復興10カ年計画の策定，住宅の復興，がれき等の

処理,まちづくりの当面の方策,神戸港の早期復興,経済復興と雇用確保,健康・医療福祉の社会的サービスの正常化への移行,復興10カ年計画の基本的考え方,都市復興の基本的考え方,総合的な交通・情報通信の体系的整備・調整,復興10カ年計画及び復興特別事業,長期構想,復興特定事業の選定と実施についての意見を具申をした。ここでは広義の復興計画が主たる提言であるが,提言の4は狭義の復興都市計画に関するものである。

阪神・淡路復興対策本部は,阪神・淡路復興委員会からの基本的な事項についての提言を受け,関係省庁,関係地方公共団体,関係事業者に対して実際の復旧・復興施策を練り実施に移すための組織であり,復興が概ね目途がついてくる5年間活動を続けたのである。そして4月28日に「阪神・淡路地域の復旧・復興に向けての考え方と当面講ずべき施策」を決定する。これは関係各省の復旧・復興に向けての施策をとりまとめたものであり,相当厖大な量にのぼるものであるが,その項目は次のようなものである。

「阪神・淡路地域の復旧・復興に向けての考え方と当面講ずべき施策」の主な内容
① 被災地における生活の平常化支援
② がれきの処理
③ 二次災害防止対策
④ 港湾機能の早期回復等
⑤ 早期インフラ整備
⑥ 耐震性の向上対策等
⑦ 住宅対策
⑧ 市街地の整備等
⑨ 雇用の維持・失業の防止等
⑩ 保健・医療・福祉の充実
⑪ 文教施設の早期本格復旧等

⑫　農林水産関係施設の復旧等
　⑬　経済の復興
　⑭　復旧・復興を円滑に進めるための横断的施策
　⑮　地域の安全と円滑な交通流の確保
　⑯　防災対策

　このように，あらゆる分野の施策を含んだきわめて広義の復興計画が取り組まれたのである。
　阪神・淡路復興委員会も阪神・淡路復興対策本部も「復興」という概念には復旧も含め，かつ，フィジカルな計画にとどまらず施策全般にわたっていることが特色であり，現代的意義の復興は，狭義の復興計画を含む極めて広い概念として捉えられ，今後起こり得る大災害においても復興の概念を同様に捉えて対処すべきものといえる。
　したがってこの2つの組織の復興に関する基本的スタンスは，「復興計画」という文言も広義のものとして使用されていて，狭義の復興都市計画に触れている箇所は，阪神・淡路復興委員会では，提言で「1　地元の人々の理解と協力のもとに，被災市街地復興特別措置法を活用し，土地区画整理事業，市街地再開発事業，住宅市街地総合整備事業，住宅地区改良事業，都市防災不燃化促進事業等の都市計画事業を慎重かつ大胆に実施すること。2　土地信託方式，建築協定方式，地主共同組合方式，協働まちづくり方式など多様な方式を活用して，地元の人々の協力・話し合いによる地区計画の協定によるまちづくりを進めること。」と記されているのみで，阪神・淡路復興対策本部の「阪神・淡路地域の復旧・復興に向けての考え方と当面講ずべき施策」においても，「必要な都市基盤の整備を行い，防災性に優れた市街地を整備するとともに，住宅・宅地の供給を推進するため，「被災市街地復興特別措置法」等を活用し，面的整備事業の積極的推進を図る。街並み・まちづくりの総合支援事業等を活用して，専門家派遣等による住民が参加するまちづくり

活動を支援し,地区計画等を活用した住民による良好な市街地形成を誘導する。」と記しているに過ぎない。この2つの復興組織においては狭義の復興計画については,防災性に優れた市街地を整備するよう実施担当部局に任せたいということにしたといえる。

5　兵庫県・神戸市の復興計画

　復興計画の実施主体は地方公共団体である。国が方針を議論しているさなかに兵庫県も神戸市も相次いで復興構想,復興計画を作り発表していく。ここでも復興計画は広義の復興計画としてまとめられていく。

（1）　広義の復興計画

　復興委員会の広義の復興計画に関する意見は,要するに復興10カ年計画を策定して実現しなければならないということにあった。そして,学識経験者,住民の意見を尊重すること,国は県・市の復興計画策定に協力し,出来上がった計画の実現のため国として予算を確保すること,というのである。

　兵庫県は「阪神・淡路震災復興計画（**ひょうごフェニックス計画）の構想**」を1月30日に公表する。その要旨は,

> イ．都市部の公共空間（「新市街地整備区域」）において早急に21世紀型都市の整備を実施。
> ロ．損壊を受けた地域（「特別復興整備区域」,神戸市以外を含め約470ha）等において,防災機能を備えた慰霊公園等を10－30年のタイムスケジュールで建設（特別復興整備区域の被災者は基本的に新市街地整備区域その他に移転との考え方）。

というものであった。

そして，学識経験者からなる「都市再生戦略懇話会（座長　新野幸次郎　神戸大学元学長）」を2月11日に設置し，「戦略ビジョン」を3月に作成し，「阪神・淡路震災復興計画策定調査委員会（委員長　三木信一　神戸商科大学学長）」から具体的な復興事業を検討，立案した「阪神・淡路震災復興計画」の提言を受けて7月に県の計画として，被災者の自立復興の支援と市町の復興計画の指針・支援のため策定・公表された。

神戸市も1月31日に，次の**復興構想**を発表。その要旨は，

> イ．損壊を受けた地域のうち市街地整備等が特に必要な地域について，区画整理等の面的な都市計画事業等を行うため，建築基準法第84条による建築制限を発動（2月1日実施，6地区計233ha）。
> ロ．上記規制地域を含む「重点復興地域」（面的市街地整備等を実施）とより広域的な「震災復興促進地域」（指導ベース等により市街地整備を充実）を指定する制度を導入（条例や新法）して被災地の復興を推進。

というものであった。

2月7日に学識経験者よりなる「神戸市復興計画委員会（委員長　新野幸次郎　神戸大学名誉教授）」を設置して，3月に「神戸市復興ガイドライン」を発表。その後4月に同じく学識経験者によりなる「神戸市復興計画審議会（会長　堯天義久　神戸大学名誉教授）」を設置して答申を受け，6月に「神戸市復興計画」を発表する。

兵庫県および神戸市の復興計画は，いずれも目標年次を平成17年と定め，10カ年で計画を達成しようとする点，復興委員会の提言に沿っており，復興計画の策定過程においては，被災者，県民，市民，

各分野団体からの意見を吸収したことも同提言に沿っており、この復興計画の実現にあたって国が財政支援をはじめとして、被災後相当期間にわたって復興対策本部がかかわったことは、当然のこととはいえ、大震災後のリスクマネジメントとしては一定の成果を果たしたといえる。

（2） 狭義の復興計画

広義の復興計画は、福祉のまちづくり、豊かな文化の社会づくり、たくましい産業社会づくり、安心な都市づくりなど、きわめて総合的な計画としたことに特色があり、狭義の復興計画はそのなかに埋め込まれている結果となっていて、阪神・淡路復興委員会での議論も復興のシンボルとしての復興特定事業に傾斜していくこととなる。これを整理したのが**表24**である。これは従来から実施されたてきた狭義の復興都市計画が既に確立され、大きな制度的改変をする必要がない程になってきていることと、新しい時代に向けての都市づくりに一般の関心が向いていることを反映するものといえる。しかしだからといって従来からの狭義の復興都市計画の重要性が失われたわけではなく、被災した市街地、住民の復興という観点からも、更には将来の防災に強い街を作り、いつ起こるか分からない大災害に対して備えるためには狭義の復興計画の実施こそが真の防災都市づくりになることを忘れてはならない。

そして提言の実施状況を整理してみると、**表25**のようになる。

6　復興都市計画（狭義の復興計画）の類型

防災に強い街を作るには、基本的には個々の建築物の耐震性が強化されれば、かなり目的が達成できると考えられる。しかし街全体の防災は個々の建築の防災だけでは不足していて、道路幅員が広

表24 復興特定事業一覧表

事業名（事業主体）	選定時期
〈プロジェクト−1〉 上海長江交易促進プロジェクト	H8.10
〈プロジェクト−2〉 ヘルスケアパークプロジェクト	
〈プロジェクト−3〉 新産業構造形成プロジェクト	
①神戸東部副都心地区における地域冷暖房事業	（第1回） H9.7に選定
②神戸灘浜エナジー＆コミュニティー計画 　・卸電力事業 　・余剰エネルギー供給事業 　・地域貢献事業	
③神戸ルミナリエ	
④新産業の創造，育成及び普及のための研究事業と教育・研修事業	
⑤ワールドパールセンター事業	（第2回） H10.1に選定
⑥ポートアイランド第2期を拠点とするデジタル情報通信ネットワーク活用事業	
⑦神戸国際通信拠点整備事業	
⑧宝塚観光プロムナード各施設整備事業	（第3回） H12.2に選定
⑨くつのまち・ながた核施設整備事業	
⑩国際ビジネスサポートセンター・神戸	
⑪神戸医療産業都市構想	
〈プロジェクト−4〉 阪神・淡路大震災記念プロジェクト	
①三木震災記念公園(仮称)の整備	（第1回） H9.1に選定
②北淡町震災復興記念公園の整備	
③マルチメディア関連連携大学院（神戸大学）の設置等高度情報通信社会の発展を支える人材の育成及び実験	
④JICA 国際センター(仮称)の建設及び国際交流施設の整備	
⑤兵庫留学生会館の設置	
⑥スーパーコンベンションセンターの整備	
⑦阪神・淡路大震災記念協会（仮称）設立後の連携・支援	
⑧阪神・淡路大震災メモリアルセンター（仮称）の整備	（第2回） H12.2に選定
⑨神戸震災復興記念公園	

（神戸市資料）

表25 提言4の実施状況

項　目	実　施　状　況　（H16.2現在）
1　土地区画整理事業，市街地再開発事業，住宅市街地総合整備事業，住宅地区改良事業，都市防災不燃化促進事業等の都市計画事業	①震災復興土地区画整理事業（13地区145.2ha） 　<table><tr><th colspan="2">事業地区名</th><th>面積（ha）</th></tr><tr><td rowspan="11">公共団体施行</td><td>森南第一</td><td>6.7</td></tr><tr><td>森南第二</td><td>4.6</td></tr><tr><td>森南第三</td><td>5.4</td></tr><tr><td>六甲道駅北</td><td>16.1</td></tr><tr><td>六甲道駅西</td><td>3.6</td></tr><tr><td>松本</td><td>8.9</td></tr><tr><td>御菅東</td><td>5.6</td></tr><tr><td>御菅西</td><td>4.5</td></tr><tr><td>新長田駅北</td><td>59.6</td></tr><tr><td>鷹取東第一</td><td>8.5</td></tr><tr><td>鷹取東第二</td><td>19.7</td></tr><tr><td>組合</td><td>湊川町1・2丁目</td><td>1.5</td></tr><tr><td>施行</td><td>神前町2丁目北</td><td>0.5</td></tr></table> ②市街地再開発事業（14地区，38.7ha） 　○震災復興市街地再開発事業（市施行）（2地区，26.0ha） 　　・六甲道駅南第1地区 　　・六甲道駅南第2地区 　　・六甲道駅南第3地区 　　・六甲道駅南第4地区 　　・新長田駅南第1地区 　　・新長田駅南第2地区 　　・新長田駅南第3地区 　○その他の市街地再開発事業（12地区，12.7ha） ③優良建築物等整備事業，住宅市街地総合整備事業，密集住宅市街地整備促進事業 ④共同建替，協調建替支援 　事業採択109地区（4,863戸） ⑤分譲マンション再建支援 　事業採択47地区（3,404戸） ⑥東部新都心整備事業
2　地区計画の協定によるまちづくりの推進	三宮地区地区計画（5地区，約70.6ha） 届出数155件（H16.1月末現在）
3　広報紙・ミニコミ紙等の活用による，地元の人々へのまちづくり情報の積極的提供	市広報紙，まちづくりニュースによるPRとともに現地相談所を開設し，地元における説明会，勉強会を積極的に実施
4　地区計画の策定を支援するための専門家集団の非営利活動の助成	コンサルタント派遣 　復興区画整理地区　トータル103件 　それ以外の地区　　トータル776件 　（いずれもH14年度末現在）
5　土地の先行取得，跡地利用，放出土地の処理を講ずる	土地開発公社等による先行取得 減価補償金買収 大規模工場などの跡地の活用 　例：新長田駅北地区（JR鷹取工場跡地）， 　　　鷹取東地区千歳公園（小学校跡地）

（神戸市資料より作成）

かったり，公園，広場などの空地が必要だったり，あるいはその地域の特性にあった用途に純化して住宅や工場が混在しないようにしたり，駅前などでは低層住宅から高度利用ができる建物が建つようにする等，街全体を考えた復興都市計画を考えていく必要がある。

神戸においても震災後個々の建築が膨大な数で建てられていったし，共同化した人もたくさんいた。しかし，何といっても土地区画整理事業と市街地再開発事業によって作り直された街が，格段と防災都市づくりの目的に沿っているといって過言ではない。

復興計画には広義と狭義があることについては前述したところである。ここでは防災都市計画の観点から今回の復興都市計画を類型化して，原状回復・公共施設追加型とコミュニティ防災型と広域危機管理型の三類型があったと私はまとめてみた。

（1） 原状回復・公共施設追加型

大震災による家屋の倒壊・焼失後の復興は，必然的に原状回復的居住回復とならざるを得ない。その理由は，

第1に居住者は震災が起こったことを原因として通常職場は変更しないと考えられるため従前地での居住を希望すること，

第2に従前地でのコミュニティ，交友関係を断ち切って新たにそういう関係を震災を契機に築くインセンティブは働かないこと，

第3に遠隔地の土地の選定，購入手続きには時間と労力を有し，被災後の物理的後始末，心理的後遺症の残るなかで他所への移転に積極的になる理由が見当たらないこと。さらに，従前地が借地・借家の場合はなおさらであること，

第4に以上とも関係し，早期居住安定と都市機能回復という迅速性の原則を重視しなければならないこと，

である。

したがって行政サイド（または為政者サイド）としても，被災者

の心理負担を軽くし早期居住回復を実現する見地からも，原状を是認した復興を図ることは復興計画の根源的パターンであるといえる。

しかし被害が甚大であったことの理由として，道路による整然とした区画による街区ができていなかったり，避難空間，防火遮断空間としての公園等の公共施設が不足していることが原因と認められる地区については，防災性の向上という観点から道路，公園といった公共施設を，拡幅や新たな設置によって被災抵抗力を高めることとするのがこのパターンによる復興計画である。

阪神・淡路大震災における土地区画整理事業は基本的にこの類型である。森南地区，六甲道地区，松本地区，御菅地区，新長田，鷹取地区がそれである（図9参照，63頁）。震災復興土地区画整理事業地区には，既に耕地整理によりあるいは戦災復興土地区画整理事業により土地区画が一応整った地区も含まれているが，道路幅員が現在の基準から見て不足している地区については拡幅という措置をとったところもあり，その一例として御菅西地区の図を示す（図14）。

（2） コミュニティ防災型

都市計画は都市における諸活動が機能的に行えること，および都市生活の環境の維持・保全・改善を目的として定められるものであると同時に，これらの諸活動・生活が安全であることも目的とされている。しかしながら現実にはこれらの目的は常に充分に充足されているとはいい難い。防災についても同様である。特に大都市における大規模地震については，その危険が従来より警鐘が鳴らされてきたところである。

第8　復興計画

図14　御菅地区

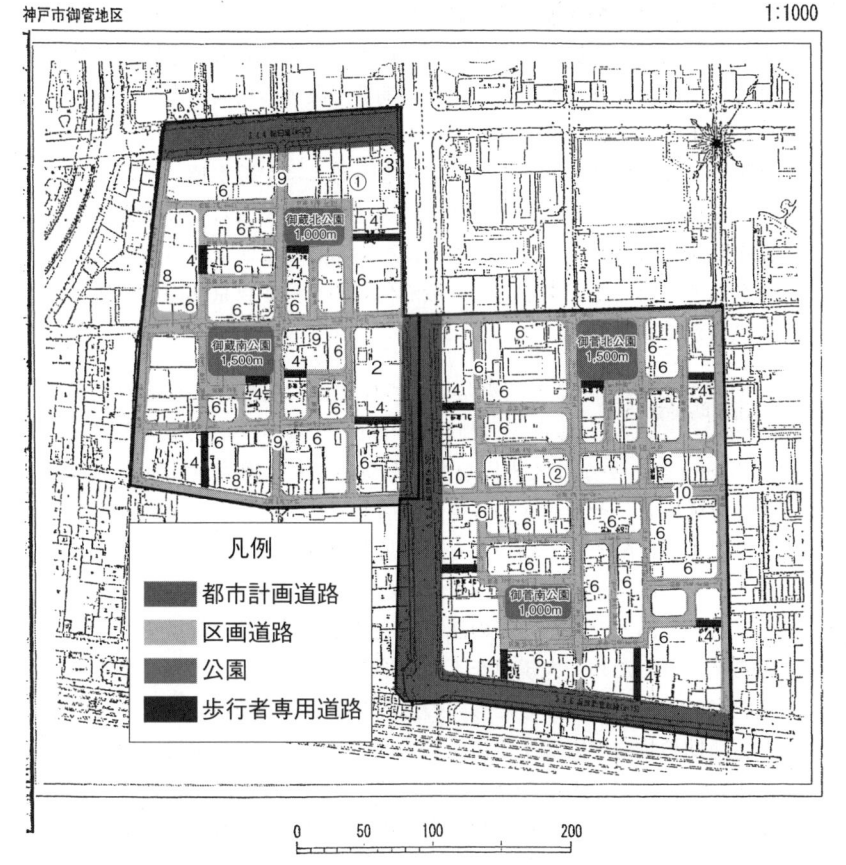

神戸市御菅地区　　　　　　　　　　　　　　　　　　　　　　1:1000

凡例
- 都市計画道路
- 区画道路
- 公園
- 歩行者専用道路

0　50　100　200

（神戸市資料，⇒三井・前著巻末折込(10)頁）

都市計画の目的には防災　地震動による建築物の倒壊の危険，および地震時に発生する火災による焼失・延焼の危険を少なくすること，およびこうした危険が顕在化した場合の避難，救命・救助，消火といった緊急防災活動に資するための備えがなけれ

103

ば真の防災都市計画とはいえない。それは単に土地区画整理事業等により，道路や公園等公共施設を防災的な観点からの被災抵抗力を増大し，街区を整備して消防活動が円滑に行え，防火・準防火地域制度の活用により，または市街地再開発事業等の共同耐火建築物の建築により建築物も耐火，耐震性を有するものにするにとどまらず，被災時には居住地のある街区に安全な避難広場や貯水槽，備蓄倉庫などを備えたコミュニティ自体が防災活動の場となるような都市計画を随所に作るという考え方が有効であることはかなり以前から提言されてきたことである。その最も代表的な例が東京都の江東防災拠点構想である。

江東防災拠点 この江東防災拠点構想は，拠点自体がその規模は白髭西地区約48haと，亀戸・小松川・大島地区約98ha等とかなり大規模なものが構想され，拠点自体は大きな街区を構成し，その街区の外周に高層共同住宅を防火壁の機能をもたせるように配置して周辺からの延焼を拠点内には届かないようにし，その共同住宅の建築物内に備蓄倉庫，貯水槽，広場を設けるというものであった。ただこの江東防災拠点構想は敷地規模を大きくとらえていたため，大規模な工場跡地を利用できるところで事業の実施がスムースに進捗したものの，既存建築物の多い地区では必ずしも所期の目的を実現するに至ってはいない。しかし被災後の復興計画においては甚大な被害を受けた地区については，建物自体が倒壊，滅失，焼失している度合が高い場合には，コミュニティ防災を可能とする復興計画を樹てて，実施する可能性が高い場合を想定することは論理的には必然性を有する。したがって神戸の被災地においてもこのコミュニティ防災都市計画の現実化を試みる場となり得たのである。

囲い込み住宅 この件に関しては，新長田地区，六甲道地区，東部新都心地区について囲い込み住宅と避難空

間としての広場，防災センター，防災用の貯水槽及び倉庫を組み込んだモデル図などの提案が外部からなされているのは，コミュニティ防災計画が大都市震災の際の被災抵抗力に有効であるからに他ならない。その時の提案の一つである「新長田を想定したモデル図」を参考として示す。（**図15**（参考），⇒三井・前著328頁）

この提案は，街区ごとに街区の外周を中高層住宅により延焼遮断効果をもたせて建設し，住棟の内側に広場を設ける「囲い込み住宅」街区を作り，住棟には備蓄倉庫，貯水槽を設けた防災性能をもたせたものとしている。

防災生活圏 震災復興都市計画事業のうち土地区画整理事業については「原状回復・公共施設追加型」であることは前述したとおりであるが，「コミュニティ防災型」および「広域危機管理型」は単に道路幅員を拡げ，公園面積を増やして沿線建築物の耐火化と相まって延焼遮断効果を増大させ，あるいは避難空間を増大させるにとどまらず，防災基本計画，地域防災計画において定められている救援，救助，復旧，復興といった，都市計画分野以外の防災行政との関係をより強化した形で，復興計画を樹てようとするものである。

神戸市が平成7年6月に作成した「神戸市復興計画」では，「神戸市地域防災計画」における「応急対応計画」（情報収集・伝達・広報計画，避難計画，救援・救護計画等）の防災行政と，都市計画行政を結合した防災生活圏づくりによる安全都市づくりをその復興計画の中心に据えている。防災生活圏を概ね，小学校区を中心とした「近隣生活圏」，区に数カ所設置して区役所を補完する防災支援拠点を中心とする「生活文化圏」，区役所を中心とする区の全域の「区生活圏」に設定し，これらの生活圏ごとに必要な施設の整備，ネットワークの形成に災害時の防災対策がより効果的に実施できるような都市づくりをしようとするものである。

図15 新長田を想定したモデル図

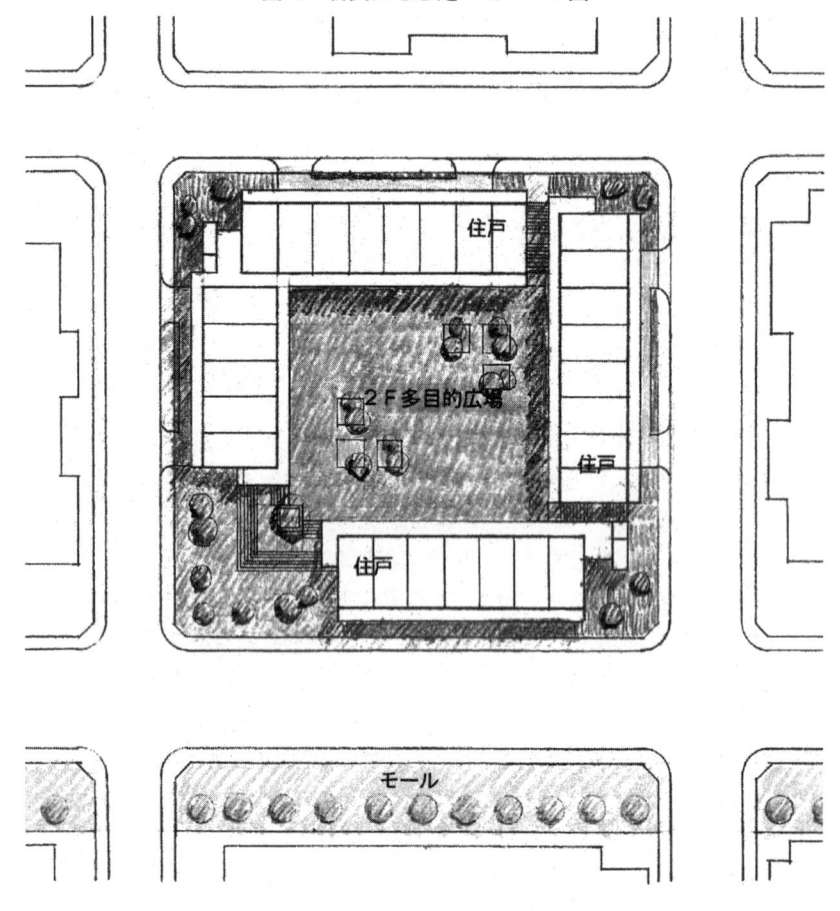

　これらの防災生活圏では，それぞれの生活圏の核となる防災拠点を「近隣生活圏」は「地域防災拠点」，「生活文化圏」は「防災支援拠点」，「区生活圏」は「防災総合拠点」としてそれぞれ災害時に果たすべき役割をイメージとして定め，地域防災計画をより分かり易く市民に提示している。防災生活圏のイメージは次の如くであり，

表26 防災生活圏のイメージ

	近隣生活圏	生活文化圏	区生活圏
区域のイメージ	自主防災組織等の住民や事業主が主体となり，居住地域での自立的な生活を行う圏域	行政と市民・事業者が連携し，人・物・情報の面から近隣生活圏を支援する圏域	市役所や関連機関と連携しつつ，各区役所が独自に災害対応を行う圏域
圏域の核となる防災拠点	「地域防災拠点」小中学校，近隣公園，地域福祉センター（要救護者への救援活動）等	「防災支援拠点」公園・学校等の公共施設が複合的に利用できる場所を区に数カ所設置	「防災総合拠点」区役所・消防署・福祉事務所等
情報	拠点内避難者，在宅避難者への広報・広聴近隣生活圏の被害状況・避難状況の把握	区の広報活動や情報収集活動の支援 近隣生活圏での必要物資等の需給バランスの調整	区内の被害状況，避難状況，物資・人材等の救援情報等のデータベース化
物資	食料・飲料水の備蓄による被災直後での自立生活の維持 防災支援拠点等から物資供給を受け避難者に配布 自立型ライフスポット ライフライン寸断時の自立型供給システム	区を補完し，救援物資を圏域外から受け入れ，各地域防災拠点に分配支援型ライフスポット 自立型ライフスポットの支援	救援物資を圏域外から受け入れ，各地域防災拠点に分配
保健・医療・福祉	医療救護班による救急保健・医療活動の拠点地域福祉センターを核とした要救護者への支援	関係機関と連絡調整しつつ地域防災拠点を支援 （区と情報の共有化）	病院・保健所・福祉事務所等の連携による保健・医療・福祉活動拠点
人の動き・役割	地域や地域活動に精通している人々を中心としたコミュニティ活動の展開	地区を担当する職員と地域活動のリーダーやボランティアリーダー等との連携による協働体制の推進	行政機関を中心に，区行政，消防，福祉，保健・医療等の専門性の高い活動を区レベルで自主的に展開

（出典：神戸市復興計画（平成7年6月）神戸市87頁）

図16 防災生活圏のイメージ

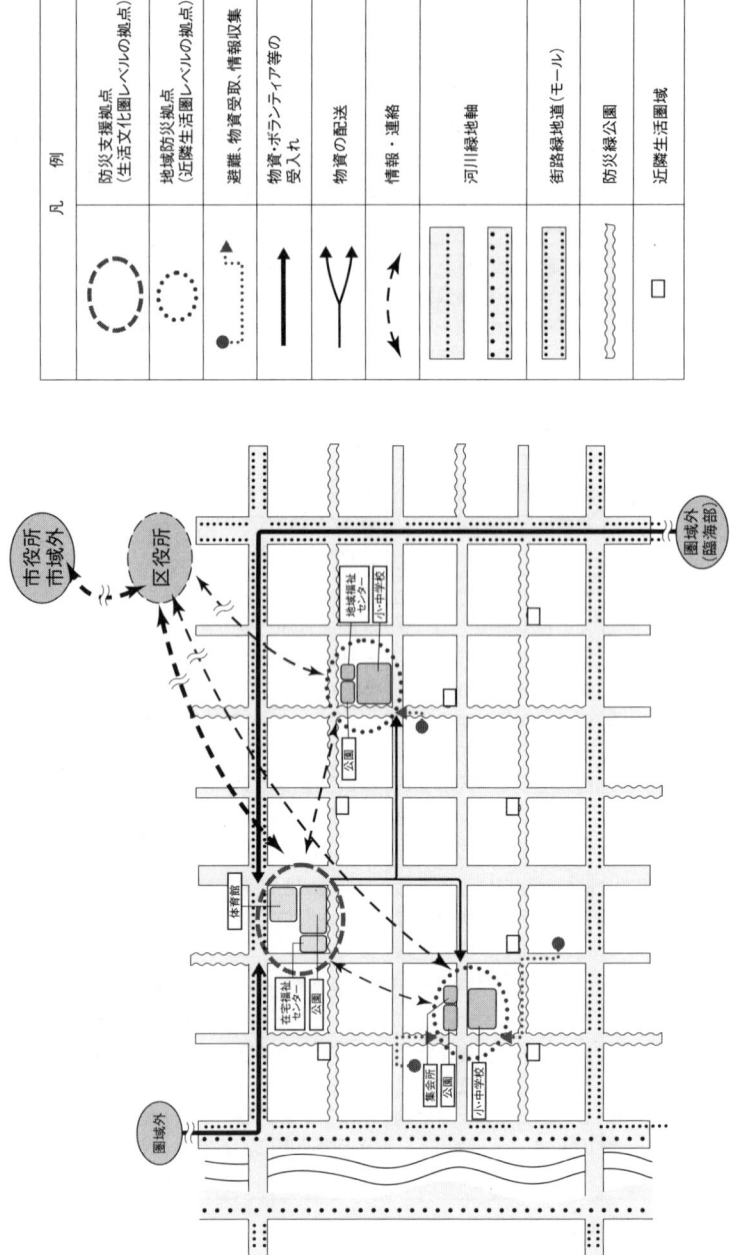

凡 例	
防災支援拠点（生活文化圏レベルの拠点）	
地域防災拠点（近隣生活圏レベルの拠点）	
避難、物資受取、情報収集	
物資・ボランティア等の受入れ	
物資の配送	
情報・連絡	
河川緑地軸	
街路緑地道（モール）	
防災緑公園	
近隣生活圏域	

(出典：神戸市復興計画（平成7年6月）神戸市86頁）（⇒ 三井・前著334頁）

第 8　復興計画

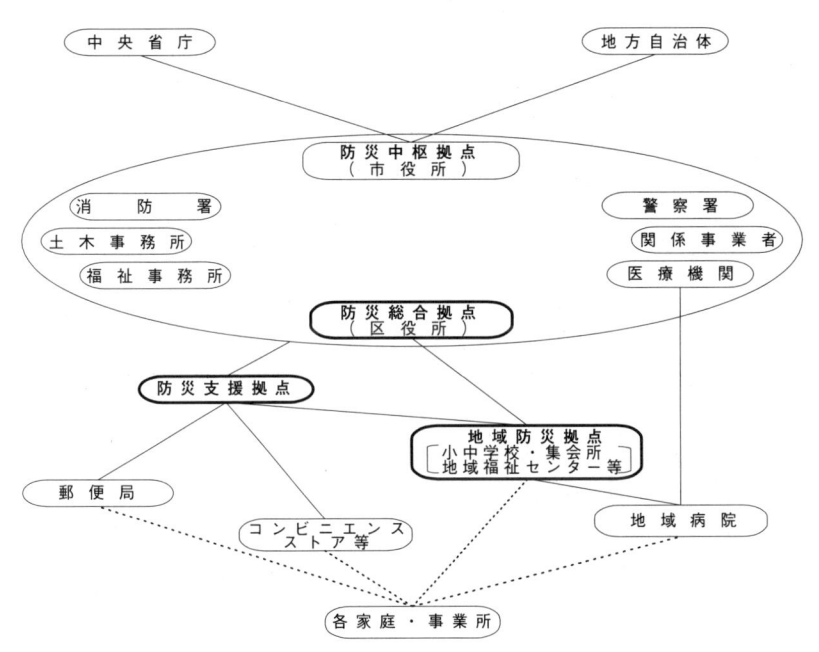

図17　防災生活圏情報ネットワーク

```
中央省庁                           地方自治体
      \                          /
       \                        /
        防災中枢拠点
         (市役所)
   消防署                            警察署
   土木事務所                         関係事業者
   福祉事務所                         医療機関
            防災総合拠点
             (区役所)
   防災支援拠点
                    地域防災拠点
                   [小中学校・集会所]
                    地域福祉センター等
   郵便局      コンビニエンス      地域病院
              ストア等
            各家庭・事業所
```

（出典：神戸市復興計画（平成7年6月）神戸市88頁）（⇒　三井・前著335頁）

それを図に表したのが**表26**，**図16**である。

　神戸市の防災生活圏は一つの考え方であり，都市によってはこれと異なる考え方で防災生活圏のように都市全体の防災対策を組み込んだマスタープランを都市ごとに作っていくことは望ましい。各都市でこうした考え方で防災の備えをしておくべきである。

　またこの防災生活圏相互の情報ネットワークは**図17**である。

　そこで神戸市の復興計画においてコミュニティ防災型のものを以下に示す。

109

図18 六甲道駅南地区再開発区域

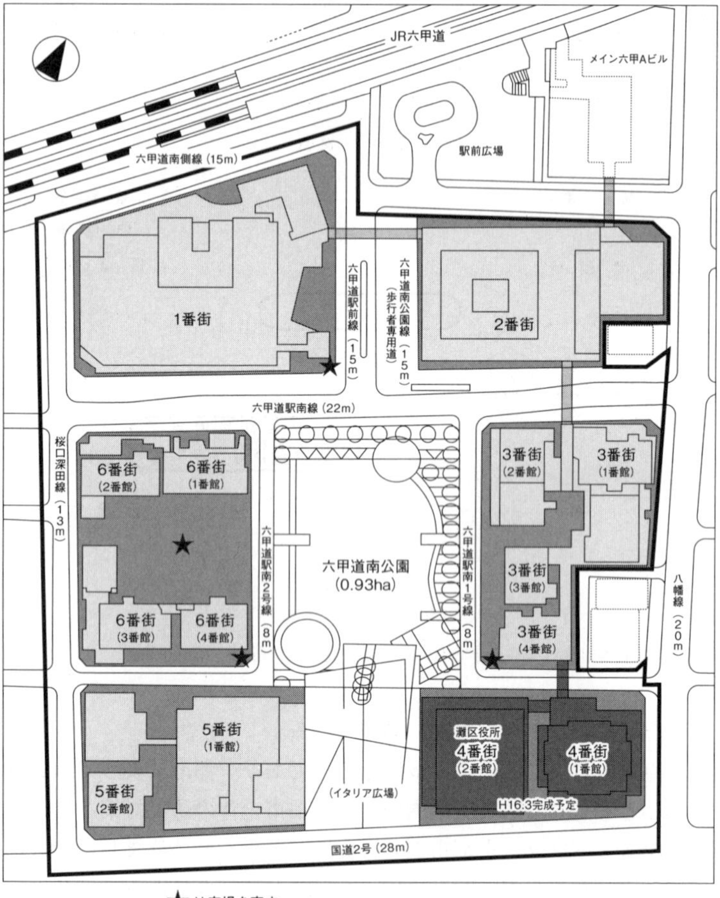

★ は広場を表す

1 六甲道駅南市街地再開発事業

　震災復興土地区画整理事業が多数の権利者の居住回復と，都市活動の回復を迫られるなかで，道路，公園といった公共施設を追加あるいは拡充することだけに追われてしまうのと比較して，土地利用

110

の立体化を前提とする市街地再開発事業の場合は，コミュニティ防災型の復興計画を創出しやすい条件を具備しているといえる。六甲道駅南震災復興第二種市街地再開発事業においては，JR六甲駅南口の駅前広場から南へ歩行者専用道路，六甲道南公園という空地を配置し，その両側に高層建築群を建築しその中に灘区の総合庁舎を配置しようとする計画である。

　その目的とするところは，交通の結節点として人々が集まる駅の周辺において災害時の一時避難地としての機能をもたせ，防災総合拠点として神戸市地域防災計画で位置づけられている総合庁舎を配置することにより，情報の収集および発進，緊急防災活動，支援活動の拠点化を図るものであり，コミュニティ防災にとどまらず，より広域的防災行政との有機的連関を考慮した計画といえる。その計画図は**図18**（⇒三井・前著336頁）のとおりである。

② 震災復興土地区画整理事業地区内共同建替事業

　阪神・淡路大震災復興計画に関する学会提言でも，「街区単位の復興方針により，できる限り共同建替や協調建替を中心に進めていく」ことが提言されているように，狭小な宅地に木造住宅が密集していたことが震災被害を大きくしている原因の１つであることから，共同建替は防災都市づくりにとってきわめて重要である。

　しかし，この災害を契機に制定された「被災市街地復興特別措置法」により，隣接地どうしでなくても共同住宅を建てる意志のある権利者の合意で，集約換地の方式を導入して共同建替を容易にし得る条件が整備された。もっともこの「被災市街地復興特別措置法」により創設された共同住宅区の制度は，事業計画の段階で決定しておかなければならない仕組みとされていて，現実には使用しにくいが，土地利用の純化，高度利用にとっては複数の小規模土地の所有者，借地権者間で敷地を共同して住宅を建設することが合意できれば，事業計画決定後でも仮換地指定時までの間であればこれを推進

することは好ましい。

　市はこれを「共同建替」と称して各地区の説明会でも説明をし，それぞれのまちづくり協議会において協議が重ねられ，「まちづくり提案」のなかに共同化を行う区域を設定し，これを受けて市が集約換地の手法を進め，**表27**に示すように26地区2.8haにおいて1,086戸の「共同建替事業」が実施された。所有者361人，借地権利者76人，合計447人の権利者が協力し合って共同建替を実施できたことは，狭小過密市街地の改善を阻んできた要因の解決への道標となるインセンティブを与えるものと考えてよいと言える。

　もっとも**表28**の示すように，震災復興土地区画整理事業地区全体では施行地区の全体宅地面積に対し，共同建替の敷地面積の割合は3.0％にとどまっており，過大評価は早計という意見もあるが，しかし，この共同建替は防災コミュニティ作りとしては完結したものとはいえないものの，「換地照応」の原則の適用を実質上はずしたことに，今後の防災都市計画をより強力に実施していくためには大きな前進となった意義を認めるべきである。

③　東部新都心土地区画整理事業

　神戸製鋼を中心とする大規模工場の遊休地の土地利用転換を図るため，神戸市の調査委員会が平成5年9月に出した「神戸市臨海部土地利用計画策定委員会報告」において，既に「新都心の整備」として位置付けられていた中央区東部及び灘区西部の臨海部一帯は，阪神・淡路大震災時一躍脚光を浴びることとなる。

　すなわち，この広大な土地空間を利用して復興のシンボルとなる21世紀向けの都市を形成する新都心計画が立案される。即ち，ＷＨＯ神戸センターなどの国際貢献に寄与する業務・研究拠点として，医療・福祉の先進企業，研究機関の拠点として，また県立美術館等の文化活動の拠点として，更に災害関係の拠点としての機能を持たせる新都心として，神戸市復興計画のシンボルプロジェクトの1つ

表27 震災復興地区共同建替事業の状況

地区名	住宅名	敷地面積	参加権利者 地主	参加権利者 借地人	住戸数	竣工年月
森南（優建）	森南町3丁目東（マルカール森南）	882㎡	2人	11人	31戸	平成12年4月
	森南町3丁目西（セレッソコート甲南森南町）	1,056㎡	6人	7人	29戸	平成12年12月
六甲道駅北	稗原町2丁目（メゾン神戸六甲）	1,235㎡	4人	13人	40戸	平成11年3月
	稗原町1丁目（シャリエ六甲道）	1,520㎡	8人	20人	67戸	平成12年3月
	稗原町2丁目東（エスリード六甲第2）	1,052㎡	4人	3人	35戸	平成12年9月
	森後町3丁目（セフレ六甲）	2,148㎡	11人	10人	88戸	平成15年3月
松本	松本通6丁目（さざなみマンション）	272㎡	3人	0人	8戸	平成11年3月
御菅東	御蔵通4丁目（みすがコーポ）	810㎡	15人	0人	22戸	平成12年3月
御菅西	御蔵通5丁目（みくら5）	495㎡	10人	0人	11戸	平成12年1月
新長田駅北	御屋敷通1丁目（東急ドエル・アルス御屋敷通）	2,072㎡	41人	1人	99戸	平成11年9月
	水笠通3丁目（エクセルシティ水笠公園）	1,639㎡	25人	0人	93戸	平成12年7月
	神楽通4丁目（パルティーレ神楽の杜）	1,033㎡	18人	1人	35戸	平成12年3月
	水笠通4丁目（ルータス水笠）	1,669㎡	44人	1人	88戸	平成12年10月
	御屋敷通5丁目（ワコーレシャロウ御屋敷通）	1,226㎡	19人	1人	73戸	平成12年11月
	水笠通6丁目（ヴェルデコート水笠）	651㎡	19人	0人	18戸	平成11年12月
	大道5丁目（グランドーレ大道）	728㎡	17人	0人	34戸	平成12年11月
	松野1丁目（シーガルパレス松野通）	195㎡	4人	1人	11戸	平成13年3月
鷹取東第一	若松町10丁目（シャレード若松）	287㎡	7人	0人	8戸	平成10年6月
	若松町11丁目北（グレイス若松）	2,135㎡	34人	0人	68戸	平成12年3月
	若松町11丁目南（ポシュケ鷹取・イレブン若松）	1,424㎡	1人	7人	47戸	平成12年2月
	海運町2丁目（エヴァ・タウン海運）	1,169㎡	3人	0人	40戸	平成11年3月
	日吉町6丁目（パル鷹取）	661㎡	14人	0人	26戸	平成10年11月
鷹取東第二	千歳町4丁目（グリーンレジデンス須磨）	1,131㎡	6人	0人	35戸	平成11年6月
	大田町1丁目北（ラヴィール須磨）	516㎡	13人	0人	24戸	平成11年10月
	大田町1丁目南（ドリーム須磨）	351㎡	11人	0人	15戸	平成11年6月
湊川（密集）	湊川町1・2丁目A1・A2（ピースコートⅠ・Ⅱ）	1,553㎡	22人	0人	41戸	平成11年4月
	震災復興地区，計26住宅	27,910㎡	361人	76人	1,086戸	完成済26住宅，1,086戸

（神戸市資料）

表28　神戸市震災復興土地区画整理事業区域内の共同住宅敷地面積率

H15.2

地区名	共同住宅名	敷地面積(㎡)(A)	整理後の宅地面積(㎡)(B)	敷地面積率(%)(C)=(A)／(B)
森南	マルカール森南	882		
	セレッソコート甲南森南町	1,056		
	計	1,938	119,563	1.6%
六甲道駅北	メゾン神戸六甲	1,235		
	シャリエ六甲道	1,520		
	エスリード六甲第2	1,052		
	セフレ六甲	2,148		
	計	5,955	94,652	6.3%
六甲道駅西	－	0	23,484	0.0%
松本	さざなみマンション	272		
	計	272	52,689	0.5%
御菅東	みすがコーポ	810		
	計	810	29,764	2.7%
御菅西	みくら5	495		
	計	495	25,971	1.9%
新長田駅北	東急ドエル・アルス御屋敷通	2,072		
	エクセルシティ水笠公園	1,639		
	パルティーレ神楽の杜	1,033		
	ルータス水笠	1,669		
	ワコーレシャロウ御屋敷通	1,226		
	ヴェルデコート水笠	651		
	グランドーレ大道	728		
	シーガルパレス松野通	195		
	計	9,213	355,878	2.6%
鷹取東第一	シャレード若松	287		
	グレイス若松	2,135		
	ボシュケ鷹取・イレブン若松	1,424		
	エヴァ・タウン海運	1,169		
	パル鷹取	661		
	計	5,676	51,258	11.1%
鷹取東第二	グリーンレジデンス須磨	1,131		
	ラヴィール須磨	516		
	ドリーム須磨	351		
	計	1,998	112,364	1.8%
合　計		26,357	865,623	**3.0%**

(神戸市資料)

第8　復興計画

とされ，国も復興特定事業として東部新都心の「ヘルスケアパーク」を指定して支援することとされたのである。

　この東部新都心の都市整備の中核的事業が事業区域120haの「東部新都心土地区画整理事業」である。既存の権利者の調整に手間取ることのないため，従前地権者，居住者の居住回復に迫られるという迅速性の原則にも拘束されず，計画作成の自由度が高いため**図19**に見られる如く，コミュニティ防災型，広域危機管理型の復興計画の例となったといえる。

　なお，ここで注目しておかなければならないことは，**図20**に見られるように，地域防災拠点であり避難所として指定されている灘中学校の敷地内には，避難所の仮設トイレ設置予定位置にあらかじめ公共下水道接続汚水管が設置され，被災時に多数の避難者が不便をきたさないようにしていることである。阪神・淡路大震災の教訓をいかしたものとして他の指定避難所における範例となるものといえる。

4　囲い込み住宅（灘北第二住宅）

　囲い込み型住宅がコミュニティ防災型復興計画として有効であることから，企業用地を市が買収して公営住宅を建設する際に，この囲い込み型住宅を建設したのが灘区のＪＲ灘駅前に建設された灘北第二住宅である。5〜14階建の住棟を1つにつなげて290戸の都市型集合住宅を平成7年12月に着工して平成9年3月に完成したのであるが，敷地1ヘクタール弱ではあるがその街区で自己完結的に外部からの火災遮断効果を有し，被災時の安全な避難場所として周辺の被災者にも利用可能となる設計は，震災危険度の地域の再開発をする際に一つのモデルとして参考としてしかるべきと考えられる。**図21**はその街区の住棟の配置図である。

図19 東部新都心土地区画整理事業区域と防災生活圏概要図

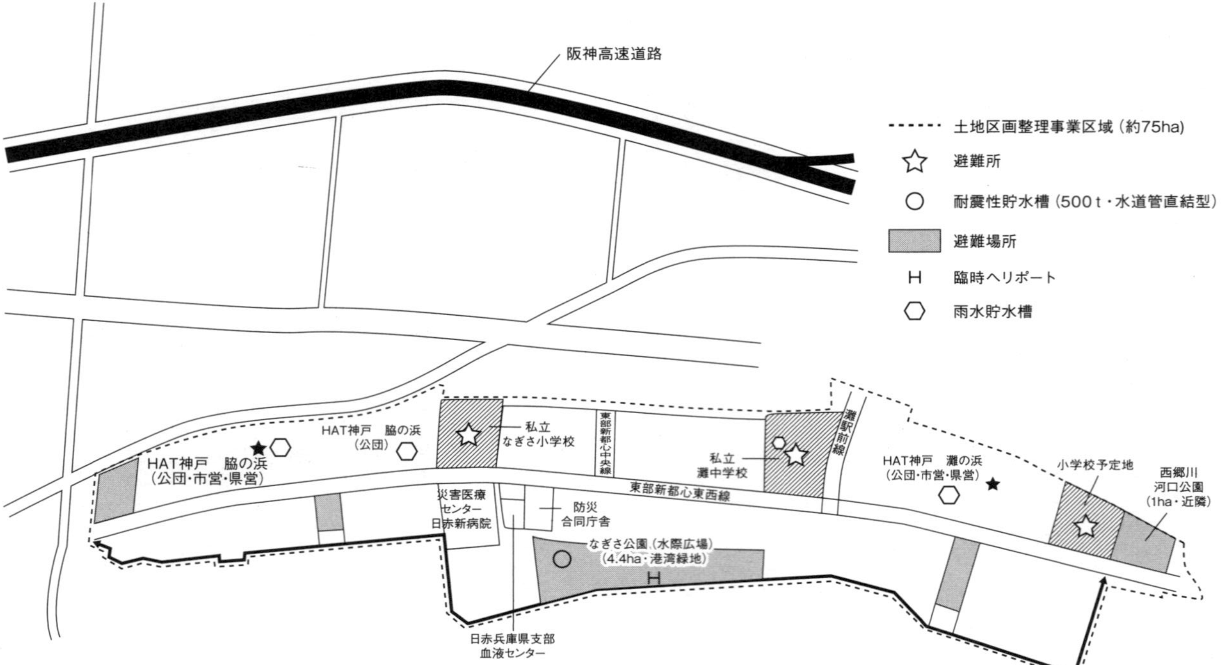

(⇒ 三井・前掲著巻末折込 (13) 頁)

図20 東部新都心防災機能配置図

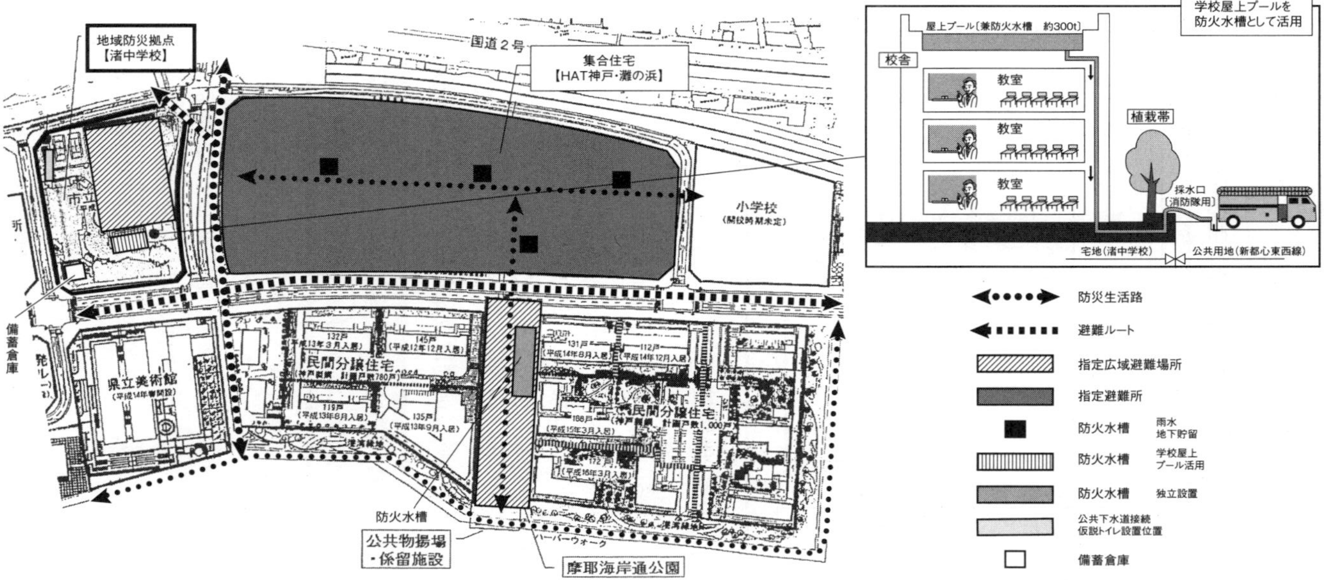

(⇒ 三井・前著巻末折込(14)頁)

図21　灘北第二住宅平面図

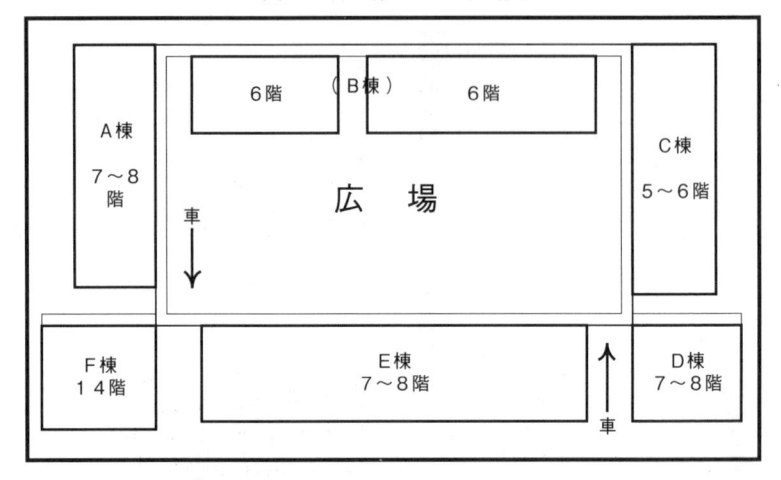

（3）　広域危機管理型

　阪神・淡路大震災は防災都市計画づくりを進めていくうえでも大きな反省と教訓を与えてくれた。とくに神戸市は兵庫県の県庁所在地で人口が市街地に集中し，地域の政治・経済の中心都市であり，交通機関も発達した便利な都市で大地震が起きた時の危機管理をいかにできるかという課題をつきつけられたのである。地震直後に緊急に必要となる防災活動は救命救助であるが，そのためには，

① 情報が正確に把握・伝達されること
② 救命救助活動のための交通確保が万全であること

が重要である。

　交通ネットワーク　防災基本計画および地域防災計画では，被災時の緊急対策として避難路，避難地が確保されていて，安全に火災等から避難できることが主要な力点の1つとして

第8　復興計画

被災直後の阪神高速道路　　　　　国道2号、43号　岩屋高架橋

位置付けられ，これらの整備が進められてきた。しかしこの避難路,避難地の整備は防災対策としては当然重要であるが，被災時の利用者は基本的には健常者のためと言える。地震による建物の倒壊等により負傷し，あるいは重傷を負った者の救急・救助活動にはこの整備だけでは充分ではない。すなわち自ら避難地へ避難できない負傷者，特に重傷者への迅速な救助・救急活動が円滑に行えるための交通ネットワークの構築が重視されなければならない。従来は，都市計画として整備されてきた道路でこれに対応できると考えられてきた。

　阪神・淡路大震災において建築物の倒壊により多数の死傷者が出,これに対する救助活動は困難をきわめた。建物倒壊により道路が事実上倒壊建築物によって閉鎖されていたり，被災者の安否を気遣い捜索する家族，知己が車で遠方・近方からかけつけて交通が混雑し,迅速な救助活動が妨げられ被災現場へ救助する人員が到達すること

ができなかったことも大きな要因の1つである。

　さらに，市内の医療機関も倒壊や停電，断水等による医療機能を十分果たすことのできない事態も多く発生し，救急患者の搬送にも機能不全の状況となった。

　他方，被災地から離れて被害のなかった地域，例えば大阪府内の国立病院からは救急処置をするため医療団が待機しており，搬送を待っているとの連絡がありながら結局被災患者はそこへは運び込まれなかったという事例もあったのである。

　神戸市消防局の記録によると，1月17日から26日までの10日間の救急搬送者は，市内搬送3,129件，市外搬送495件としているが，これらの救急活動は交通不通や渋滞により困難をきわめた。

緊急車両の交通確保　救急・救助活動等の災害応急対策を的確かつ円滑に行われるため緊急の必要があると認める場合について，平成7年に災害対策基本法を一部改正して都道府県公安委員会は，道路の区間を指定して緊急車両以外の車両の通行を禁止することができることとなった。この改正によって，主要幹線道路で緊急時に救急活動または物質輸送活動に必要な災害対策用緊急自動車の通行が円滑に行える法的仕組みは整った。しかし，現実にこれが所定の目的を果たせるかは，実際に災害が起きてみないと分からない部分がある。阪神・淡路大震災の際も道路交通法による交通規制がなされたが，現実には被災者の行方を捜すために近隣からの人々が車で駆けつけ，これを制限しようとした警察と住民の間で相当混乱を生じていたのである。警察サイドも緊急自動車の通行を容易にして緊急活動を円滑にしようと目指し，一方住民サイドも自力で救出・救助・安否確認をしようとしていたからである。したがって大都市の大震災の際の緊急防災活動は，道路交通だけに頼る方法のみに依存することは，リスクマネジメントとしては欠けるところがあると言わなければならない。

第8 復興計画

ヘリの活用　陸上からの緊急防災活動を一次的とすると，二次的活動としての上空からのヘリコプターによる緊急防災活動の体制を造り上げておくことが必要となってくる。陸上交通が非常に錯綜して時間的余裕がない場合に，ヘリコプターによる緊急医療，救助活動を円滑に行えるようにすることである。すなわち，重傷患者を近隣の救急病院が建物倒壊，停電，断水，医師・看護婦の不足等の理由により機能不全をおこして医療行為ができない場合に，遠隔地の救急病院に搬送するとか，それほど重傷でない患者を被災現場近くの消防署，学校，公民館，病院等の公的施設で手当をすることができるよう，被災地外の病院の医師・看護婦をヘリで輸送して，一種の野戦病院のような役目を果たせることを可能とすることが必要と考えられる。しかしこのためには，防災対策等全般のリスクマネジメントでの位置づけがなされている必要がある。

緊急車両の交通確保　緊急防災活動を行うにあたって緊急車両の通行が迅速・円滑に行えるようにしておかなければならないが，その救命・救急活動が必要な場所の情報を緊急車両に正確に伝達されていなければならない。したがって被災現場を管轄している，例えば市役所とか市の出張所など区域ごとに情報通信拠点をあらかじめ設けておき，被災時の救命・救急活動が迅速に実施できるようにしておかなければならない。

即ち大都市の場合，その市の地域防災計画において防災対策の中心拠点（一般的には市役所）が定められ，その下にある一定範囲を受け持つ下部拠点が設けられ，その下にコミュニティ単位の防災体制が整えられているが，この中心拠点はより広域的な防災緊急活動を可能とするための県庁，隣接・近接都市，国等との広域的防災リスクマネジメント体制を含めて整え，広域救急活動としての上空救助システムを整えておく必要がある。

121

こうした広域的リスクマネジメントの体制を整える一方，都市計画においてもそれを支えるための体制が作られなければならない。ヘリの離着陸用地の確保を情報通信の連絡拠点（例えば区役所，出張所など），救急病院，消防署等の防災緊急活動の拠点となる施設との関連において，都市計画として定め作り上げておくことである。一般的には大都市の市街地においてヘリの着陸できる地点は多くはなく，大規模公園，野球場，競技場などに限られているが，これを救急病院，消防署の敷地としてまたはその隣接地に確保することが検討されなければならない。こうした広域危機管理型防災都市計画の模式図を示すと**図22**のようになる。

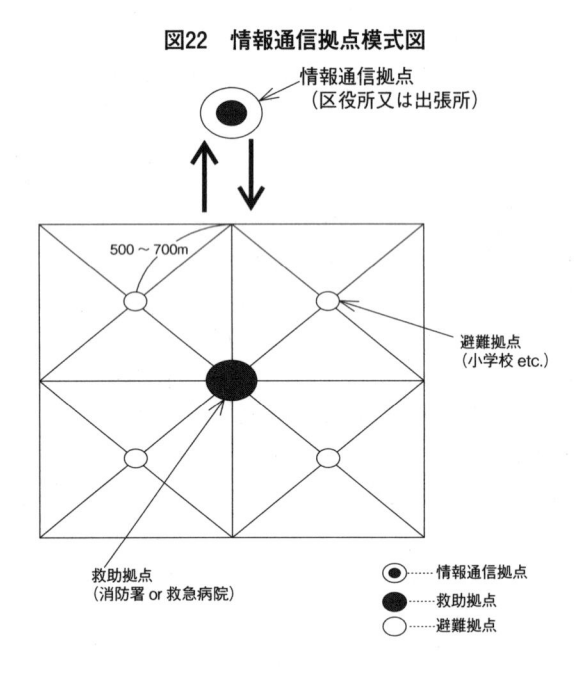

図22　情報通信拠点模式図

第9 事前復興計画

1 事前復興計画の必要性

　多数の居住者が被災する過密大都市における大震災の復興計画は，必然的に早期居住回復に的確に対応しなければならない。迅速性の原則が最優先課題である。このことは前述したとおり，神戸市においては震災発生の翌日と翌々日に被害状況の調査をして復興計画の方針と区域を検討し始めており，それにより建築制限（建築基準法第84条等）の区域が早急に決定されていくこととなる。

　一方，復興計画をいかに効果的に迅速に実施していくかは地権者，住民の熱意と理解と合意がなければならない。神戸市における復興計画の実施に当たってまちづくり協議会が大きな役割を果たしたが，区域決定と主要な公共施設計画は市があらかじめ決め，それを基本にまちづくり協議会によって自主的な提案による詳細な復興計画を作成し，事業をしていくという二段階都市計画論が採用され大きく関与していたのである。

　また，第8の6において復興計画の3類型を述べたが，神戸市の復興計画では，①区域面積が広くて権利者が多い地域での土地区画整理事業においては，原状回復・公共施設追加型復興計画が実施され，②市のマスタープランで副都心整備地区と以前から決定されていた長田駅前と六甲道駅前地区の市街地再開発事業において，および大規模工場跡地に新都心を作る計画の進められていた東部新都心土地区画整理事業においては，コミュニティ防災型復興計画が実施された。これを見るかぎり，広域危機管理型復興計画は必ずしも明

123

確な意識下における計画論としても存在しなかったといえる。

　復興計画を考えていくと次の2つの問題に突き当たる。1つ目は**迅速性の原則**であり，2つ目は**建築制限**を指定するにあたっての計画案の存在である。

　迅速性　　第1に，復興計画の類型の如何を問わず復興計画の決定は迅速に行うべきという迅速性の原則である。被災地の真の復興計画は，二度と被災しない被災抵抗力を充分備え，かつ将来に向けて理想的な街づくりをすることにあることは論を俟たないが，そのためにゆっくりと構想を練り，各方面からアイデアやプランを募り，綿密かつ詳細に復興計画を作るという時間的余裕は現実にはないといえる。多数の被災者達にとって自らの居住回復は一刻を競う問題であり，被災しない街づくりをという心理は働くものの，従前の日常生活への早い復帰を求める力のほうが強くなることは当然である。すなわち，復興計画，復興に時間をかけることは従前の土地建物の所有権者，居住権者の法的不安定状態を長引かせることを意味し，この不安的状態を迅速に解消することが求められる。

　建築制限　　第2に，この迅速性の原則は，建築制限の区域指定が，復興計画の存在を前提としていることによって法的にも裏付けられている。

　すなわち，

> 建築基準法第84条は「特定行政庁は都市計画又は土地区画整理事業のため必要があると認めるとき，建築制限をすることのできる区域を指定することができる。」と定め，被災市街地復興特別措置法第5条は，建築等制限をすることのできる被災市街地復興推進地域の指定要件の一つに「当該区域の緊急かつ健全な復興を図るため，土地区画整理事業，市街地再開発事業その他建築物若しくは建築敷地

の整備，又はこれらと併せて整備されるべき公共の用に供する施設の整備に関する事業を実施する必要があること。」と定めている。

　この建築制限は，災害発生の日から適用されるのであり（またそうでなければその制限の意味をなさないのであるが），その指定は急を要する。しかもその指定の際に，土地区画整理事業などの事業や都市計画によって復興を進めていく区域を指定するのであるから，詳細なものはともかくとして，復興計画の基本的事項は決められていなければ区域指定ができない。

　このことは理論的には，区域指定の時には復興計画の概略プランを前提としている，と解することができる。

　　これは建築基準法第84条の建築制限が発災後2ヵ月以内とされている期間を，被災市街地復興特別措置法が2年以内と長くしたことによっていささかも揺るぐものではない。都市計画手続として最終的に確定する復興計画の期間が伸びているだけで，特に二段階都市計画論の採用によって一次的な復興計画は示されており，また今後同様の災害の際も復興計画の素案又は腹案というものがないまま，区域の指定することは論理的にも生じ得ないといえるのである。

|潜在的な復興計画| 神戸市の復興計画について，この論点から整理してみると，次のようなことが明確になった。

　神戸市は従来より六甲山の砂防関連の災害には悩まされてきたが，地震については比較的安全であるという認識が定着していたため，防災対策としての都市計画は砂防事業等の河川事業に主眼を置き，六甲山以南の既成市街地では戦災復興事業としての大規模な土地区画整理事業による整然とした街並みを作る都市計画を実施してきた。したがって関東大震災による大被害を受けた経験のある東京のような，大地震を前提とした防災拠点構想などのような計画は有していなかった。

しかし1995年の被災による被害調査によると，戦災復興土地区画整理事業において事業が取り残された地域または戦災復興土地区画整理事業地区ではなくても，市の都市計画として面的な整備または幹線道路計画等の計画の実施から取り残された地域の被害が大きかった。こうした地域については戦災復興の延長というべき考え方で土地区画整理事業の実施を，そして副都心計画が既に定めてあった長田駅，六甲道駅周辺では市街地再開発事業を復興計画の柱と決定したのである。これを裏返していうと，これらの復興計画はすでに震災前から練られ，ある一部は地元にも説明されていたものが基本になっているということである。

　このことは結果的にいえば，**神戸市も潜在的な事前復興計画を有しており**，この災害を契機にそれを顕在化させ実現したものと位置づけることができるのである。

事前計画への準備　神戸市の震災復興事業において，六甲道駅南市街地再開発事業における一時避難広場としての六甲道南公園，防災総合拠点としての灘区総合庁舎の設置，また東部新都心におけるコミュニティ防災型の復興計画は，防災都市計画に力点を置いたものと位置づけできる。また震災復興土地区画整理事業において，集約換地方式による共同立替方式，灘北第二住宅における囲い込み住宅等，防災都市計画としての一定の前進が迅速性の原則の制約下においてもなされたが，これらは今後の大都市震災対策としての復興計画の一里塚をあらわすものとして利用されなければならないといえる。過密大都市で必要とされるコミュニティ防災型，あるいは広域危機管理型の都市計画を実現していくためには，必要な都市計画を決定しておくか，それが間に合わない場合には事前復興計画として都市計画部局が準備しておくことが必要であることを強く示唆しているというべきである。

2 事前復興計画論の系譜

(1) 理論的根拠

① 防災都市計画の立ち遅れ

都市計画の目的は都市機能の維持増進と都市環境の改善にあるとされているが，当然そのなかには災害に対して安全であることが含まれていることはいうまでもない。そのため延焼遮断効果や避難地としての機能を持つ街路網，公園等の施設計画，市街地火災を防ぐための防火・準防火地域制度や建築基準，防災街区を作る各種事業などが制度化され実施に移されてきた。

しかしながら，阪神・淡路大震災のように大都市を直撃する大地震に対して都市の防災対策としての都市計画は万全となっていないことを示す結果となった。防災都市計画の必要性は，日常的から言われ続けてきたにもかかわらず，いざ大災害が起きてみると，その立ち遅れを常に反省するという繰り返しとなるのである。

都市計画の目的である都市機能の維持増進，都市環境の改善はきわめて広範囲の目的を有するものであり，とくに日本が高度経済成長を遂げ，最近のようにグローバル化している社会においては，都市計画もその時代の発展・要請にあわせた，都市計画を作ることは決して容易ではない。そのため，都市計画自体も後手にもなっていることも否めない。

国民的意識の立ち遅れ 急激な交通量の増加に伴う渋滞や，増大する交通事故を解消し，都市の諸活動が円滑に実施されるための街路計画，高速道路計画，鉄道，空港，港湾などの交通網のネットワーク計画，産業・商業の発展を図るための都心，副都心，駅前周辺，郊外商業地の開発整備，住宅団地の開発整備などを実施してきたが，まだ世の中の進展の動きに追いついていないというのが現実である。

すなわち，地震や火災に弱い木造住宅密集市街地などの存在を解消したり，狭い曲がりくねった道路を整序することができないでいる地域など，防災的観点からすると早期に改造修復すべきであるにもかかわらず，手つかずのまま置かれているからである。

　これには事業手法が必ずしも制度的に充分でないこと，権利関係も複雑で権利者も多く，経済的にも事業化のポテンシャルが弱いこともあり，これらが桎梏となって防災都市造りを阻んできているのである。しかしこれを一面から考えると，行政側にも住民側にも防災に対する緊急性，必要性の認識の欠如という国民的意識の立ち遅れにも遠因があるといえる。

② 被災後の復興計画の相剋

　被災後の復興計画は，目的的には防災性を保ち，しかも長期的に理想的な都市計画が実現可能なプランであることが望まれているが，現実に被災した直後，日常の生活が破壊された従前の居住者，権利者にとっては理想論より現実的早急な居住回復と従前の生活環境・機能の回復が重要であり，長期，理想の防災都市づくりへの意欲は意識の中にあっても顕在化しにくいものである。さらに時間の経過により震災の恐怖感にもとづく堅固な防災都市づくりも，自己の権利を犠牲にしたり，財政的負担が大きいことに直面すると，そうした意欲自体も後退していくのが通例である。

　また都市計画に関する計画行政主体にとっても，限られた時間で短期にプランを作成し，合意形成を迅速にやらなければならないとすると，長期的，総合的な充分な検討をする余裕を見つけるのが困難な状況下で復興計画を策定し，しかも平常時ではない心理状態にある権利者との合意を図らねばならないということは，きわめて大変なことである。

（2） 防災基本計画

　通常災害が発生すると，施設の災害に対しては災害復旧が行われ，被災地全体の復元を図るという意味での復興計画が実施に移される。都市地域などが面的に広範囲，大規模に被災した時はなおさら復興計画が策定されることは，従来の経験から常識となってきている。

　大都市の震災について昭和46年5月に中央防災会議が決定した大都市震災対策要綱において，大項目として「震災復興」を設け，そのなかで「耐災環境の整備された健康で文化的な都市を再建するために，すみやかに長期視野にたった合理的な土地利用計画に基づく震災復興計画を策定する。」と記述しているのも，従来の経験則を確認したものということができる。

　平成7年7月に改訂された防災基本計画においても「大規模な災害により地域が壊滅し，社会経済活動に甚大な障害が生じた災害においては，被災地の再建は，都市構造の改変，産業基盤の改革を要するような多数の機関が関係する高度かつ複雑な大規模事業となり，これを可及的すみやかに実施するため，復興計画を作成し，関係機関の諸事業を調整しつつ計画的復興を進めるものとする。」と定めている。(「第2編震災対策編」「第3章災害復旧・復興」「第3節計画的復興の進め方」)。

　さらに「災害復旧・復興の実施の基本方針に関する事項」として「民生の安定，社会経済活動の早期回復，再度災害の防止，防災まちづくり等のため，迅速かつ適切な災害復旧・復興，復旧・復興とあわせて施行することを必要とする施設の新設又は改良，復旧・復興資材の円滑な供給等に関する計画」に重点を置いて定めることとしている（「第6編防災業務計画及び地域防災業務計画において重点をおくべき事項」「第3章災害復旧・復興に関する事項」)。

　また，「国土庁は，被災公共団体が復興計画を作成するための指

針となる災害復興マニュアルの整備について研究を行うものとする。」と定めている（「共通編」「第1章災害予防」「第2節迅速かつ円滑な災害応急対策，災害復旧・復興への備え」「14．災害復旧・復興への備え」「（2）復興対策の研究」）。

3　事前復興計画策定調査（国土庁）

これを受けて国土庁が平成7年度～9年度にかけた「東海地震等からの事前復興計画策定調査」を平成10年3月にまとめて公表している。

大規模な災害が発生し甚大な被害が発生した場合には，早期に復興計画を作成し，計画的に復興を進めていく必要があるが，発災後の被害が大規模となるおそれがある東海地震や南関東直下の地震等に対しては，予め復興対策の体制，手順，手法等の被災後のまちづくりの方向等をまとめた事前復興計画を策定しておくことも重要である。この認識の下に，地方公共団体が事前復興計画を策定する際の指針をまとめ，被災後はこの事前復興計画を基に，実際の被災状況に応じ具体的な復興計画を作成し，震災復興の推進が図られることを目的とするものである。

そして「地域防災計画」にもこれを位置づけ，地方防災会議に諮って決定しておくべきとしている。

この報告書においては復興を，**①被災地域の物理的再建・復興といったまちづくり的視点**，**②被災者の生活再建**，**③被災地域の経済復興**といった社会・経済的視点，と幅広く検討した結果をまとめて公表している。

以下，まちづくり的視点からの「被災市街地，集落の復興」の部分についてその要旨を示すこととする。

1 地震被害の前提

発災可能性のある地震の被害結果を想定し、それを前提として事前復興計画を策定する。

2 復興対象地区の設定

被害想定結果や都市基盤の整備状況等の地域の特性を踏まえ、対象地区を設定し、復興対策地区を「重点的に復興を行う地区」と「復興を促進・誘導する地区」に2区分する。各地区の定義は、**表29**の通りである。

表29 復興対策地区

復興対象地区区分	定　　　義
重点的に復興を行う地区	比較的広い範囲で面的に被災し、かつ都市基盤を整備することが必要な地区で、重点的かつ緊急にまちづくりを行うことが適切と考えられる地区。
復興を促進・誘導する地区	基本的には被害が散在しているが、ある程度の面的被害が混在し、かつ都市基盤の整備は必ずしも十分ではない地区で、計画的なまちづくりにより復興を進めることが適切と考えられる地区。または、被災が散在的にみられるが、基盤整備は行われており、自力再建による復興を誘導することが適切と考えられる地区。

そしてこの地区区分の基準となる指標と基準を**表30**及び**表31**のとおり整理している。

表30 復興対象地区の地区区分とその設定する際の指標

現在の状況＼被害想定結果	面的被害	点的被害一部面的被害	点的被害	ほとんど無被害
基盤未整備 計画有	重点的に復興を行う地区	重点的に復興を行う地区	復興を促進・誘導する地区	復興対象地区外
基盤未整備 計画無	重点的に復興を行う地区	復興を促進・誘導する地区	復興を促進・誘導する地区	復興対象地区外
基盤整備済	復興を促進・誘導する地区	復興を促進・誘導する地区	復興を促進・誘導する地区	復興対象地区外

(出典：平成9年度東海地震等からの事前復興計画策定調査報告書（平成10年3月）国土庁防災局，11頁)

表31 基盤施設の整備状況に関する基準

	基盤施設の整備状況に関する基準
基盤未整理	道路・公園等の都市施設の整備状況，宅地形状等が当該地方公共団体が現在目標とする整備水準に比べ低い地区。具体的には，幅員4m未満の細街路が存在する地区，区画形状が不正形である地区，延焼危険度や避難危険度が高い地区等があげられる。 なお，この基盤未整備地区には，過去に耕地整理等により基盤整備が行われたが，当該地方公共団体が現在目標としている水準からすると基盤整備のレベルが低い地区を含むものとする。
基盤整備済	過去に，土地区画整理事業等の面的整備事業が行われるなど，当該地方公共団体が現在目標とする水準に，基盤整備状況が達している地区。

＊延焼危険度，避難危険度とは建設省都市局の「災害危険度判定手法」に基づき市街地の危険度を評価する際に用いる指標である。町丁目単位で評価する場合，延焼危険度は不燃領域率，木造建坪率，消防活動困難区域率を基に，避難危険度は道路閉塞確率，一時避難困難区域率を基に決定される。

(出典：平成9年度東海地震等からの事前復興計画策定調査報告書（平成10年3月）国土庁防災局，11頁)

③ 地区ごとの事前復興計画の作成

　以上のことをまとめて整理し，報告書が一つの案として提示しているのが**表32**である。

132

表32 復興対象地区の地区区分と建築制限方法，整備手法の関係

地区区分	復興方針	建築制限 等		整備手法
重点復興地区	重点的かつ緊急的にまちづくりを行う	都市計画区域内	○建築基準法第84条による建築制限 ○建築基準法第84条による建築制限を行い，引き続き復興法による被災市街地復興推進地域の都市計画決定を行うことによって，同法による建築制限へと移行する。	○法定事業・土地区画整理事業 ・市街地再開発事業 ○地区計画 等
		都市計画区域外	○条例により建築行為の届出を義務づける	○補助事業・漁業集落整備事業 等
復興促進・誘導地区	計画的なまちづくりによる復興を進める	○条例により建築行為の届出を義務づける ○建築制限を行わない 　住民の間で法定事業に対する気運が高まった場合には，被災市街地復興特別措置法による地区指定（建築制限）を行い法定事業による復興を実施する場合もある		○自力再建 ○任意事業 ○地区計画 （○法定事業）

（出典：平成9年度東海地震等からの事前復興計画策定調査報告書（平成10年3月）国土庁防災局，15頁）

(ⅰ) 地区ごとの復興方針の作成

　各復興対象地区ごとに次の3項目についての明確な復興方針を作成する。

・土地利用方針

・都市施設整備方針

・建築物整備方針

(ⅱ) 地区ごとの建築制限

・建築基準法第84条

・被災市街地復興特別措置法

・地方公共団体の震災復興条例　（例：神戸市震災復興緊急整備条例）
　についての適用検討をして決定する。
（ⅲ）地区ごとの整備手法の決定
　　　・土地区画整理事業
　　　・市街地再開発事業
　　　・地区計画
　等の手法を決定する。

4　東京都の震災復興グランドデザインと防災都市づくり推進計画

　阪神・淡路大震災の経験から，諸機能の集積する過密大都市において発生する大震災からの復興がいかに時間との競争，資金確保，被災者，権利者の合意形成等大変なことであるかを知らされたことから，事前復興計画の議論が指摘されるようになる。首都東京は中枢管理機能，国際経済機能が集積し，都の区域を超えた首都圏，さらには全国への影響が大であることから，一朝ことが起こった場合の，その迅速かつ的確な復興が緊急の課題となってくる認識が高まってきたことにより，平成13年5月東京都は「震災復興グランドデザイン」を策定し，公表する。

（1）　震災復興グランドデザイン

　「震災復興グランドデザイン」は，被災後の復興都市づくりの基本的な指針として，復興の目標や復興都市像を示すものであり，実際に被災した場合，被災後2カ月以内を目途に策定する，①復興の目標，②土地利用方針，③都市施設の整備方針，④市街地復興の基本方針等の骨格的な考え方を内容としている。

表33　震災復興のおおまかなスケジュールと主な取り組み

地震発生		【主な取り組み内容】
・発生直後	（災害対策本部の設置）	被災状況の把握等
・1週間後	（震災復興本部の設置）	まち・住宅・くらし・産業の復興にどう取り組んで行くかの検討を始める。
・2週間後	（都市復興基本方針の策定）	応急仮設住宅の建設やまちの復興の基本的な考え方を明らかにする。
・1か月以内		被害程度に応じて復興のためのまちづくりの進め方を決定する。
・2か月以内	（都市復興基本計画（骨子案）の策定）	地域の復興の目標など復興計画案の概要を決定するほか，復興のために必要な都市計画の決定を順次行う。
・6か月以内	（都市復興基本計画の策定）	都市計画決定などを進め，復興計画に要する全体の事業量などを内容とする復興計画をつくる。
・それ以降	（復興事業計画の作成・事業の推進）	復興事業の計画をつくり，計画に基づき事業を実施していく。

（出典：震災復興グランドデザイン第一章総論1.震災復興グランドデザイン（2）震災復興グランドデザインの内容（平成13年5月）東京都都市計画局ホームページ）

　あわせて，震災後6カ月以内に取り組むべきこととして，すでに都市計画決定されていた都市施設の事業方針，新たな都市施設の都市計画決定の考え方，さらに，市街地復興のための具体的な制度や事業手法等を示している。さらにその実現のために今から整備しておくべき法制度のほか，財源，執行体制などの実現方策も提案している。震災復興のおおまかなスケジュールと主な取り組みを**表33**のように提示する。

（2）　市街地復興の手順

　さらに市街地復興について，震災直後から復興事業着手までの流れを時系列で示すと次のようである。

このスケジュールは阪神・淡路大震災の震災復興のたどったスケジュールと概ね同一であり，阪神・淡路大震災の経験は，被害規模が大きい震災の場合のモデルとして汎用されるものと理解してよいものといえる。「震災復興グランドデザイン」は，地震の発生後，すなわち非常時の都市づくりのあり方を示すものである。

　非常時は，焼失や倒壊など生活の基本的な場が失われている状態から，災害を受けた市街地の再建を進めなければならず，被害程度によっては再び被災を繰り返さないために抜本的な市街地改造が必要となるほか，被災者の生活安定を早期に図る必要があり，膨大な事業となる被災地の復興をできるだけ短期間で成し遂げなくてはならないなど，平常時と異なる対応が必要となる。

　しかし，「震災復興グランドデザイン」は，復興の理念や考え方は平常時の都市づくりに活かすとともに，平常時の都市計画にも具体的に反映していくことが重要であるとする。平常時の都市計画と非常時を想定した「震災復興グランドデザイン」は都市づくりの目指す目標は同じであり，相互に密接な関連を有しているとし，その関係の模式図を**図23**のとおりとしている。

1）被災直後〜1カ月
　ア　**被害状況の把握**　ヘリコプターによる空からの情報や行政職員，防災ボランティアの実地調査などにより被害状況を把握する。
　イ　**建築基準法による建築制限の実施**　大・中被災地域において，土地区画整理事業等都市計画事業に必要な区域を建築基準法第84条に基づく建築制限を行う区域に指定する。（期間は発災日から最大2カ月間）
　ウ　**時限的市街地づくり**　時限的市街地づくりを開始する。
　エ　**都市復興基本方針の策定・公表**　被災の程度に応じた市街地の復興方針を東京都が策定，公表する。

2）被災後1〜2カ月
- **ア 都市復興基本計画（骨子案）の作成・公表** 復興の目標，土地利用方針，広域的都市施設の整備方針，市街地復興の基本方針を内容とする都市復興基本計画（骨子案）を作成・公表する。
- **イ 被災市街地復興特別措置法**（以下「特措法」という）による建築制限の実施 復興事業の支障となる無秩序な建築を防止するため，建築基準法に基づく建築制限に継続して，「特措法」による建築制限を実施する。（制限期間は発災日から最大2年間）

3）被災後2〜6カ月
（大被災，中被災地域）
- **ア まちづくり協議会の組織化** まちづく協議会を組織し，復興まちづくり計画を住民により策定する。被災前からまちづくり協議会が組織されていた地区では，その組織を拡充する。
- **イ 都市計画の変更**（建築敷地面積の最低限度を定める）住宅再建時における敷地の細分化を防止するため，地域地区について敷地規模の最低限度を定める。
- **ウ 復興都市計画の決定**（都市施設，市街地開発事業）広域インフラ，土地区画整理事業，市街地再開発事業等の都市計画決定を行う。
- **エ 復興都市計画事業の開始** 復興都市計画事業を開始する。
- **オ 震災復興地区計画の決定** 震災復興地区計画等の地区計画，地区整備計画を策定する。

4）被災後6カ月以降
- **ア 住宅再建を開始** 復興手法に応じて，適切な時期に建築制限を解除し，住宅の再建を開始する。

図23 震災復興グランドデザインの位置付け

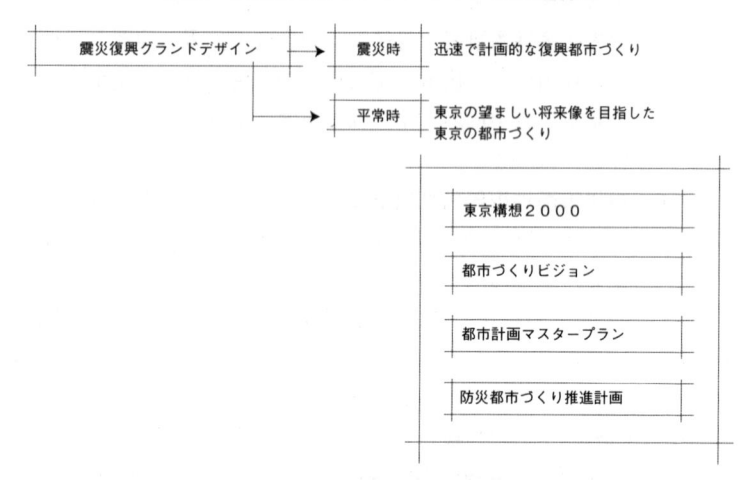

```
震災復興グランドデザイン ──→ 震災時   迅速で計画的な復興都市づくり
                      └─→ 平常時   東京の望ましい将来像を目指した
                                  東京の都市づくり
```

東京構想2000
都市づくりビジョン
都市計画マスタープラン
防災都市づくり推進計画

(出典:震災復興グランドデザイン第一章総論1.震災復興グランドデザイン(2)震災復興グランドデザインの内容(平成13年5月)東京都都市計画局ホームページ)

(3) 復興計画の推進

「震災復興グランドデザイン」は,これを実施に移すためには法的制度改正等の課題を提示する。法的制度改正についての対応策として以下のものを掲げている。

> ① 新しい土地区画整理事業制度を創設する。
>   イ 全面買収型……土地を収用して譲り受け申出者に土地を譲与する。
>   ロ 街路,区画整理型……都市計画道路用地は買収,その他の道路用地は区画整理方式により減歩で確保するという合併事業
> ② 震災復興地区計画の創設
>   復興まちづくりを行う地区は原則として全て指定して,最

第9　事前復興計画

　　　低敷地規模，壁面積などの指定を地区の状況に応じ柔軟に
　　適用できるようにする。
　③　最低敷地規模制の導入
　④　新しい防火地域制度の創設
　　　建築構造について，防火・準防火地域の中間的規制を行う。
　⑤　都市計画又は土地区画整理事業計画の手続きの多様化・迅
　　速化を図る。

防災生活圏　　その後東京都は「東京都震災対策条例」にもとづき，防災都市づくり推進計画（基本計画）を平成15年10月に公表する。その基本的考え方は，延焼遮断帯に囲まれた防災生活圏を，市街地整備の基本的な単位として，市街地の不燃化など面的な整備を進めるもので，防災生活圏とは，概ね小学校区程度の広さの区域とする地域を小さなブロックで区切り，隣接するブロックへ火災が燃え広がらないようにすることで，震災時の大規模な市街地火災を防ごうとする考え方に基づくもので，**図24**の模式図でそのイメージを示している。

図24　防災生活圏模式図

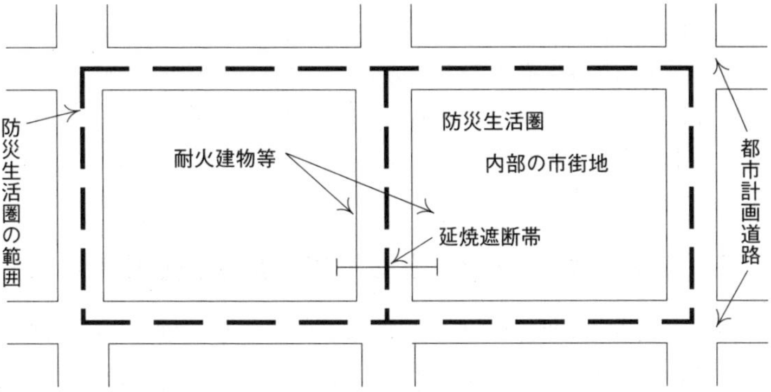

（出典：防災都市づくり推進計画（基本計画）の概要　東京都都市計画局ホームページ
　（2003年10月掲載））

139

防災生活圏の外周を幹線道路としての都市計画道路という，延焼遮断帯の整備によって防災機能を強化するというものである。

重点整備地域　そして特に被災危険度の高い木造住宅密集市街地を中心に，重点整備地域11地区2,400haを選定し，重点的な事業を実施することを定めている。この防災都市づくり推進計画は平時の計画であるが，前述したように非常時の震災復興デザインと目標を一つにした計画であるといえる。

　これまでに議論されてきた事前復興計画は，どちらかというと震災が起こった時の復興計画を実施する手段，手続論を示しているといっていい。手段としては土地区画整理事業とか市街地再開発事業を掲げてはいるものの，その**具体的なフィジカルプランは震災後に決めるという前提**に立っているのである。災害後の復興のための都市計画を所管する国土交通省の防災業務計画においても，震災対策編に災害復旧・復興という項目があるが，その中で「都市の復興」として計画的な都市の復興を推進すること，被災地方公共団体が復興計画の策定推進を行うにあたって必要な協力を行う等と記述がなされているが，事業の実施を担当する地方公共団体や住民を支援するという考え方を宣明するにとどまり，具体的な進め方等については，実施主体に任せるという立場に立っている。

　また，事業実施主体となる地方公共団体の地域防災計画においても同様に手続き論の道筋を記述しているにとどまっていて，フィジカルな事前復興計画について具体的に述べられてはいない。

5　フィジカルプランとしての事前復興計画を

　地震の起きる時間帯やその程度は予めとても予知できる状況になっていないが，想定する地震力によって起こる被害は経済社会の発展，都市化の進展，市街地の形成状態などによって異なってくる。

関東大震災の場合は地震そのものの被害に加えて，火災の拡がりによる被害も甚大であったが，阪神・淡路大震災では，火災による被害は相対的には低かったことが示しているように，被害をくい止め救命救急活動にも適した防災都市づくりはどうしたらよいかを考える必要性が増大していると言える。
関東大震災の時の教訓は，
  ① 広幅員の道路と整然とした街区を作る
  ② 耐火建築を増やすため防火・準防火地域を都市の主要部に配置する
  ③ 延焼被害による死傷者をなくすため，避難地・避難路を予め決めておく
  ④ 被災者のための避難所を予め決めておく
ということだった。阪神・淡路大震災においては戦災復興土地区画整理事業が進んでいて，広幅員の道路もできており，かなり街区も整然としてきたこと，さらに耐火建築が相当建てられていて，しかも当日は冬の時期にもかかわらず風がなかったこともあって延焼の危険が少なかった。したがって被災者は近くの避難所や公園に待避するにとどまり，予め指定されていた避難路を使って広域避難地を利用する必要がなかった結果となった。

平成18年3月東京都防災会議が首都直下型地震被害想定を公表した。それによると東京湾北部又は多摩地域での地震を想定していて，その一つである東京湾北部で冬の夕方18時にマグニチュード7.3の地震が起きた場合，
  ○風速が3m／秒の時
      建物倒壊による死者　1,737人
      火災による死者　　　　857人
  ○風速が15m／秒の時
      建物倒壊による死者　1,737人
      火災による死者　　　3,517人

141

としている。老朽木造住宅の数から言うと建物倒壊による死者数は少し低いように見えるが，風が強い場合の死者数が増えることは，関東大震災の教訓である避難路・広域避難地が依然として重要であることも示していると言えよう。

　避難地・避難路の指定と整備はそれ自体必要なことであるし，ある程度までは現に存している道路とか公園を利用することによって，行政サイドとしてもそれ程苦労をしていないですむともいえる。しかし大きな地震が起きた場合に，被災の程度が甚大となる密集市街地の改善，再生はそう簡単には進まない。しかし，これこそが真の防災対策と言って過言ではない。しかもフィジカルにその地区を直していくという実効あるプランが必要であり，行政も住民もその共通認識を持って当たらなければならないのである。

6　事前復興計画の実例

　迅速性の原則からすると，復興都市計画を実施するには時間的余裕は多くはない。すると現代の時代の要請にあった防災都市計画の提案を市民に理解してもらうための時間と労力は大変な努力が必要となる。

　戦災によって完全に都市が破壊され，居住者の多くも亡くなったり，他所へ行ったりしてしまった後の広島や名古屋などの戦災都市においては，壮大なプランを実施する余地があったが，現代のように人口が稠密になった状態においての復興は，早期居住回復を図らねばならないから，理想的な防災都市計画のプランを実施に移すことは容易なことではない。

　しかし，関東大震災における復興計画においても，阪神・淡路大震災における復興計画においても参考となる教訓がある。それは震災前にあった都市計画である。

（1） 帝都震災復興計画

　関東大震災後の帝都復興事業は，約6カ年という短時日の間に約3,600haという広大な地域で土地区画整理事業を実施し，昭和通りなどの幹線街路をはじめとした整然とした道路計画や公園の配置の他，20万戸棟を超える家屋の移転を完成させたことは現在の常識からすると気宇壮大な復興計画であり，帝都復興に驚異的な結果をもたらしたといわざるを得ない。

　<u>後藤新平の大風呂敷</u>　しかし，この復興計画はよく知られているように，関東大震災の発生する約3年前の大正9年12月に当時東京市長だった後藤新平が，江戸をほとんどそのままに引き継いだ東京の街を近代的都市にするために，東京近代化のための8億円計画を公表したことに布石は打たれていたのである。当時の国家予算が15億円程度であったことを考慮し，あるいは当時の交通量から考えると，広幅員の街路を作ることを盛り込んだ都市計画は「後藤の大風呂敷」といわれても仕方がなかったかも知れないが，大震災の時内務大臣だった後藤新平は，大震災で壊滅的打撃を受けた帝都の復興にあたって，平時では受け容れられなかった東京の近代化のため改造計画に意欲を燃やすこととなる。

　当時の山本権兵衛首相が復興計画を立てるにあたっては，規模はなるべく大きくして貰いたいとの注文を出したとされているが，後藤内相はそれを待つまでもなく理想的な雄大な復興計画を作成するよう事務当局に命じていたのであるが，最終的に政府案として帝都復興院参与会で討議された議案は，大略次のようなものであった。

　第1に，復興事業の重点を街路網の整備に置き，主要幹線の規格は，15間以上24間（27m〜44m），電気軌道網を構成する路線の規格は，11間以上（20m）とし，地域の情況及び交通の系統により各街路の規格を定める。

　第2に，土地利用の適正化を図る目的から，中央官庁，学校，市

143

場，屠場等の配置の適正化を図るほか，兵舎，学校，寺院墓地等，移転が適当と認められるものを郊外に移転する。

第3に，建築行為は復興計画に従うもののみ許容し，区画整理方式により市街地の復興を図る。

第4に，事業費の財源を起債に求め，必要な国庫補助を行うことなどの財政措置を定める。

事前復興計画の嚆矢　しかし，参与会では賛成論が多く，逆に復興計画を更に拡大して規模を大きくすべしとの意見であったにもかかわらず，その後議員を含めた帝都復興審議会では政略的判断が強く働いたため反対論が強く，幹線街路を原案の40路線から2路線のみ採択する等の大幅な見直しをすべしとの決議が出され，政府はこれを尊重することを約したのであるが，帝国議会では復興予算の大幅削除という結果となり，事業が執行されたのであった。

このように，実際の帝都復興計画と事業は気宇壮大な理想計画からは大幅に後退した内容とされて実施されたのではあるが，それでも当初の計画が大きかったが故に，縮小された後もその結果はその後の都市計画の規模としての役割を十分果たしたのである。

これを予防的リスクマネジメントという観点からみてみると，近代国家としての日本の**帝都の壮大な改造計画**が，予想をあまりしていなかった大震災に対する事前復興計画としての意義を有していたことに注目せねばならない。若し大震災前に東京改造計画のような計画が存在せず，あるいは調査，検討，議論がなされていなかったとすれば，帝都復興計画は今日残されているものより劣ったものであったとも言えるのである。事前復興計画論の嚆矢がここにあると言える。

第9　事前復興計画

（2）　阪神・淡路大震災復興計画

　阪神・淡路大震災の復興計画についても戦災復興土地区画整理事業という計画があったことが有効に働いていることが見てとれる。繰り返しになるが，大震災の後には必ず復興計画が必要という考えの下に被害状況の目視による調査を被災直後に2日間かけて実施している。迅速性の原理にのっとった調査である。国土地理院は，被災当日の1月17日と20日に航空写真を撮って，「家屋・建物の倒壊，大破損」，「火災による焼失範囲」と「道路，鉄道の破損」，「斜面崩壊，地すべり」，「地盤の液状化」，「海岸堤防の破損」を色分けして表示し1月26日に公表する。

　またより詳細な調査は2月6日から16日にわたって日本都市計画学会と日本建築学会近畿支部合同の建物被災状況調査が実施された。この調査は，目視による外観調査である点は市の調査と同様であるが，建物の被災の程度を外観目視により「全倒壊または大破」，「中程度の損傷」，「軽微な損傷」，「外観上の被害なし」の4段階および「全焼・半焼」の判定を行ったもので，被災地の現場も多少落ち着いた状態になっていたこともあり，比較的統一のとれた基準で1棟ごとに調査されているが，一方では損壊の程度がひどくなくても滅失している建物もすでに存在していて，その滅失理由が調査できなかったものが1割を超えているという結果になっている。

　これらの3つの調査を比較してみると，神戸市の迅速性の原則にのっとった調査は，その後の詳細な調査と比較しても遜色がないものといえる。神戸市は震災復興土地区画整理事業を基本的にこの調査による被害がひどい地区を中心にして選定していくことを決定する。

事業地区の決定　神戸市の復興都市計画の決定は，被害状況の調査と戦後の戦災復興土地区画整理事業の実績を踏まえた結果の比較によって，大局的な方針が決められていく。

すなわち，主として戦災復興土地区画整理事業が施行されなかった区域において，被災状況が甚大で，かつ街路整備状況が他の戦災復興土地区画整理事業の整備水準より劣る区域について，

① 土地区画整理事業を施行すること
② 市の副都心として位置づけられている地区（新長田駅周辺及び六甲道駅周辺）については，市街地再開発事業として地域のセンターとしての整備を図る
③ 都心の三の宮地区のように公共施設が整備されているが被害の大きかった地区は，都心地区としての機能再建のため建築行政の誘導による再生を図るため地区計画を指定する

というものである。

　ここで重要なことは，大きな被害を受けた地区は戦災復興土地区画整理事業が実施されていなかった地域であるということである。（**図9**　戦災復興区域図と地震被害図63頁）森南地区，六甲道駅周辺地区，松本地区，御菅地区，新長田駅周辺地区，鷹取東地区である。これらの地区の中には戦災復興土地区画整理事業地区になっていたのだが，反対等によって除外された区域も相当存在していた。

事前復興計画の礎石　事業地区の選定後のプランの作成は，戦災復興土地区画整理を実施してきた事業と整合がとれたものとして，作ることは従来の経験と実績を応用することにより比較的時間と労力をかけずにできた。このことは既に戦災復興土地区画整理事業の区域外の被災地域における復興計画を立てるに当たって事前に復興計画があると同様の状況にあって良いと言える。したがって，市としては2月1日には復興都市計画事業の対象地区として6地区233haを指定し，建築基準法第84条の建築制限をかけることとしたのである。そして2月21日には各地区の道路の拡幅や公園の新設などの防災都市をめざしたプランが公表され，前述した二段階都市計画論に沿って3月17日には防災都市づくりの骨格とな

る道路・公園を決めた都市計画が決定されることになる。

　このようにして現代の復興計画は，事前の復興計画ともいうべきプランがあることが必要になってくるのである。大げさに言えば，「ローマは一日にしてならず」ということなのである。

7　真の防災都市のための事前復興計画

　真の復興計画は，防災効果を有する整然とした，かつ広い街路・公園などの空地と耐震建築を作っていくにとどまらず，延焼防止のための防火壁の役目を果たす高層建築を囲い込み式に作り，その中庭を避難広場として使えるようにしたり，備蓄倉庫や貯水槽をそこに作ったりという防災拠点づくりや，災害の時に情報の拠点となる施設を配置したりという時代に応じた防災まちづくりに相応しい復興計画を立てる必要がある。

　被災後の復興計画が時代の変化に対応した復興計画になるか否かは，被災抵抗力が大で，緊急防災活動に合致したものであることが望ましいことはこれまでに述べてきたところである。しかしこれを実現するための条件は現在充分に整えられているとは言いがたい。特に都市計画制度に限って見てみると，用途地域制度と防火地域制度等の建築規制，道路・公園の配置計画，土地区画整理事業，市街地再開発事業等の都市計画事業によって被災抵抗力の強化を図り，それなりの効果を上げてきていることも事実である。

（1）　木造住宅密集地にプランを示す

　阪神・淡路大震災の経験から老朽木造密集市街地では，ひとたび大地震に見舞われると多くの住宅が倒壊し，その人的被害は甚大であることが明らかになった。

　こうした防災上手を打たなければならない木造住宅密集市街地は

全国で8,000haあり，そのうち東京，大阪では夫々2,000haあるとされている。しかもその解消はちちとして進んでいない。

この地区では原状回復・公共施設追加型を念頭においた都市計画を行政主体が地元に示すことが必要である。地元の地権者がそのような意識を持ってまとまって自発的にやるのが好ましいが，現実にはこうした気運は上がってきていない状況にある。公共団体の積極的提案が強く望まれる。誰かが提案しないと始まらないのである。

公共団体もこうした地区の再生事業に取り組んでいるのであるが，現実には具体的な都市計画の提案に至っていないのが大半である。

一つには道路の拡幅，公園の増設などが，全体のネットワークとの整合性をとらねばならないという制約があり，その地区だけの道路拡幅計画を作りにくいという状況にはあるが，地震が起きた時の被害の大きさと，人命の損失を比較考量すれば，その制約を超えて部分的な道路の都市計画を決めても合理性を失わないと考えるべきであろう。

こうした防災に特に重点を置いた都市計画は，もしそれが実施に移されないうちに大地震が発生し，大きな被害がもたらされた場合当然復興計画を作っていくものであるから，あらかじめ事前復興計画と称して地元の関係権利者との合意が形成されてもいっこう構わないのである。

（2） ヘリの利用による救助活動の確保

さらに緊急に救命救助に万全を期することを考えると，ヘリの利用が迅速に可能である都市を作っておかなければならない。阪神・淡路大震災の時の神戸市では建物が倒壊して道路にそのがれきが積み重なったり，家族や親戚，友人がかけつけてきたりして道路が混雑して身動きもとれない状態が続いた。これでは救命救助活動も十分にはできない。震災後道路交通法と災害対策基本法を改正して，

大震災時には交通規制ができるようにして消防，警察，自衛隊などの緊急車両の運行が円滑にできるようにされたが，実際に大震災が起こった場合，遠方からも親戚，知人の安否を確認したり，救援に来たりする人々も相当数にのぼると考えると，道路交通のみに頼りすぎるのは救命救助活動に万全とはいえない。しかも被災地の病院は建物の被災，電気，水道の機能不全，医師，看護師など医療従事者の被災による人手不足も神戸で現実におこり，大阪の病院からは医療関係者が準備をしているので重傷患者を送ってくださいという申し出があったにも拘わらず，交通混雑で搬送ができなかった苦い経験があったのである。

そのためにはヘリが離着陸できる場所を地上に設けて（高層ビルの屋上まで患者を搬送するのは無理な場合が多いと考えられるので），都市計画決定をしておくか，都市計画制度改正をして公園や学校をヘリポートにする防災施設として新たに都市計画できるように決めておけば，震災地には15分で50km離れた遠隔地の病院へ搬送して救命救急医療を施し，人命を救うことができるようにすると良いのである。

阪神・淡路大震災の経験から，従来の都市計画制度またはその運用の考え方だけでは充分でないことも明らかになったと言わなければならない。一般的には防災対策の欠如と一括りにされてしまっている観があるが，都市計画制度において，次のような手直しとか新たな取組みが必要である。

（3） 土地の交換分合手法の改善

照応原則はずし　既成市街地における緊急防災活動拠点にヘリ離着陸用地を設けるのは困難な場合が多い。必要に迫られて設置される離着陸地はビルの屋上を利用することが多いが，負傷者等の搬送を屋上のみに頼ることは必ずしも好ましい

ことではない。しかし,平地でこれを確保するには相当規模の面積が必要であり,周辺がビルトアップされている地域においては困難とされ,実際にはこうした考え方が実行されていない。したがって,当該拠点の隣接地の土地権利者との交換分合手法が利用できる仕組みが必要とされる。一般的に土地区画整理事業が換地処分という土地の交換分合手法を有しているが,この換地処分は「照応の原則」により「換地及び従前の宅地の位置,地積,土質,水利,利用状況,環境等が照応するように定めなければならない。」したがって基本的には現地換地という従前地に近い土地の区画に換地が定められることが多いが,被災市街地復興特別措置法では「復興特別共同住宅区」という制度が作られた。集約換地制度である。これは換地照応の基本原則である現地換地でなく,それぞれ離れた従前地の所有者で共同して防災効果を有し,既成市街地の土地利用として適している共同住宅を建設することに合意している複数の土地権者の土地を「復興共同住宅区」として事業計画に定めることにより,「飛換地」による集約する制度である。被災市街地の復興という目的に沿っていれば,土地の位置についての照応原則をはずしたことに,都市計画制度としてのより望ましい土地利用にとって前進となる制度となったのである。

都市計画の目的として防災を明示化し,そのため合理的な理由のある土地利用であることの根拠を明らかにすることによって,緊急防災活動の拠点を都市計画としても位置づけ,必要な敷地の確保を図ることが必要である。

(4) マスタープラン化

復興計画の三類型「原状回復・公共施設追加型」「コミュニティ防災型」「広域危機管理型」は,いずれも都市計画としてその全部又は一部が決められて実施される。すると将来起こり得る大地震に

備えて作っておくべき防災都市計画は，この3つの類型のどれか1つに該当するものといってよい。しかし現実には都市計画として決定して，権利を制限した土地を収用したりすることには権利者との関係で大きな苦労が伴う。権利制限を伴う都市計画としては，まとまらなくてもマスタープランとして位置付けておく方法もある。

整備開発保全の方針 わが国においては図面で表示するマスタープランは制度的には存在していない。都市計画法第7条の市街化区域および市街化調整区域の「整備開発保全の方針」が法制上ではマスタープランと称されているが，これは文言表示によるもので，その文言は各種都市計画を定めるにあたって拘束力を有するものとされているが，具体的拘束力は何かという議論は明確にはされてはいない。しかし都市計画が真に防災を目的とするならば，この法制上の「開発整備保全の方針」というマスタープランの形として組み入れることは可能である。

広義の防災計画のうち，都市計画に関する部分を「整備開発保全の方針」において定めること，すなわち防災遮断帯または避難地，避難路としての広幅員街路，公園に加え，緊急防災活動の拠点となる施設の配置と規模を定め，木造密集市街地のような被災危険度の高い地域の市街地改造に関する計画を定めるのである。その際詳細な図面ではないが概略図面による表示も必要である。

そしてこれらの「整備開発方針」については，神戸市の例にみられる「まちづくり協議会」のような地元の地権者，住民，緊急防災活動に従事する関係者の協議を重ねることが重要である。関係者の協議が全くまとまらないことも充分予想されるが，その場合は「整備開発保全の方針」として決定されることを必須の要件と考える必要は必ずしもない。都市計画担当部局，学識経験者，地元住民からの提案という形で，公式に都市計画の議論の俎上に載せることが最低限重要である。そこで闘わされた議論はいつ起こりくるかは不明

としても，発災した際にそれが活かされるからである。このことは松本地区震災復興土地区画整理事業が，以前戦災復興土地区画整理事業の提案が地元の反対で実施されず，その結果今回の震災による被害が甚大であったことから，地元がその経験と反省から土地区画整理事業の事業計画が最も早く賛成して決定されたことが雄弁に立証している。

木造密集市街地の再生

密集木造賃貸住宅地区は居住環境の条件が著しく劣る地区であるとともに，防災上の観点からきわめて問題のある地区でもある。これらの地区は元来は良質な住宅市街地に再生することを主たる目的としていることもあって，リスクマネジメントの観点から要請される，緊急に事業を実施して完成していくというハードな方式ではなく，ソフトな方式として構成されている。したがって現在これらの地区は，内閣都市再生本部の都市再生プロジェクト（第三次決定）の，木造住宅密集市街地を10年間で緊急整備することとされている6,000haの中に含まれている分として注目しなければならない。これらの地区は狭小過密な土地に権利者，居住者が複雑に存在しているため，仮に大震災が起こり被災したとしても，原状回復・公共施設追加型の復興計画しか成立し得ないであろうことは疑問の余地がない。しかし現在迄に住民サイドは当然としても，行政サイドとしての地区全体のマスタープランが地元で示されたことはないと言ってよい。

　権利者，住民サイドからの意見は，地元を無視していると批判が起きるのは常にあることであるが，誰かが地域の改造のプランを示さなければ議論が先に進まないのであり，これを回避していることは防災リスクマネジメントからは支持されない行為と言わざるを得ない。したがって事前復興計画を地元の協議会とでも言うべき組織，または地元からの提案が希望されていたり，希望がなくても長期間地元案が出てこない場合には，行政サイドとして復興計画としての

側面をも有することとなる地域改造プランを地元の議論の場に載せる必要がある。

この事前復興計画の案は，
① 地元で多数の意見により否定されるケース
② 地元で多数の意見が基本的構想には賛成され，構造図を含めて「整備・開発・保全の方針」に位置付けて都市計画手続きをとるケース
③ 地元での多数の意見により基本構想が合意された後，土地区画整理事業，市街地再開発事業等の都市計画が決定されるケース

が考えられる。

これまでの木造住宅密集市街地の再生への取り組みからの経験に即すると，③のケースに至るまでには相当の困難を伴わなければならないが，これらの地域が大地震に対しての被災抵抗力が著しく劣ることから，行政サイドとしても従前以上に該当地区の地権者，住民との対話を進めていくことが要請されている。また，阪神・淡路大震災の復興土地区画整理事業，市街地再開発事業で実証されたまちづくり協議会のような，地元組織の積極的な意見交換・提案等の積み重ねは最終的な合意が得られなくても，仮に将来大きな震災を受けた際の復興計画の基本となると考えてよい。

防災対策の最大の使命は人命である。都市における大地震対策についていえば，建物の安全対策であり，木造住宅密集市街地の再生である。残念ながら阪神・淡路大震災といった経験をしていながら，建物の耐震化は法律ができ，予算も増やされているにも拘わらず耐震診断の件数も，耐震改修の実績も徐々に上がってきてはいるものの，その歩みはのろいといってもいい。木造住宅密集地の再生にいたっては，遅々として進んでいないといえる。

153

マスタープラン　一方では都市に人口が集中して建築密度が増えれば増える程、地震災害の危険は増大するから、防災拠点を組み込んだ防災都市づくりに取り組んでいく必要があり、そのためには防災都市としてのマスタープランも必要である。急務を要する木造住宅密集市街地では居住者の引っ越しなどを機に地方公共団体が土地を取得し、防災用機材の置き場所としたり、将来の地区再生のための種地としたりしている箇所も散見されるが、是非こういう地区では、公共団体と地域住民、権利者と一体となり将来の地域のマスタープラン作りをしておいて欲しいものだ。そのマスタープランに従って地域を再生していくことを進めていって欲しい。これがまさしく事前復興計画になっていくのである。

防災都市計画のすすめ　都市計画の大きな目的は、安全で快適な都市生活を都市住民が享受することにあることは言うまでもない。被災抵抗力のある広幅員の都市計画街路や公園は防災上防火遮断帯であり、避難路、避難地でもあるが、名目上は道路交通上の理由で位置と幅員が決められ、公園も都市環境の向上と市民の憩いの場としての位置づけで決定され、その副次的効果として防災対策上それが利用されているといっても過言ではない。防災上の効果のある土地区画整理事業も、その目的は「公共施設の整備改善と宅地の利用増進」であり、市街地再開発事業も「土地の合理的かつ健全な高度利用と都市機能の更新」である。

　唯一防災目的を明示しているのが防火地域・準防火地域制度であるに過ぎない。被災抵抗力の観点からみても都市計画上の位置づけはこの程度であるため、危機管理的観点からする緊急防災活動として利用される道路、公園のすべてが都市計画の位置づけがなされているわけではなく、避難所として利用される学校等の公共・公益施設、緊急防災活動の拠点となる消防署、行政官署、救急病院等は都市計画として位置づけられることは殆どなく、防災行政としての範

囲にとどまっているのが現状である。これらの施設は，緊急防災活動に適した規模の用地が充分確保されていないことが多く，緊急時のヘリを利用することなどは考慮されているとは言いがたい。したがって特に大都市大震災のことを考慮して緊急防災活動を念頭に置いた都市計画制度の構築を進めていくためには，都市計画の黙示的目的である防災を明示的目的とする必要があると考えるのである。

(参考資料) 関東大震災以降に発生した全国の主な地震

地域	地 震 名	発生年月日	マグニチュード
北海道	積丹半島沖地震（神威岬沖地震）	1940. 8. 2	7.5
	宗谷東方沖	1950. 2.28	7.5
	十勝沖地震	**1952. 3. 4**	**8.2**
	択捉島付近（太平洋岸各地に津波）	1958.11. 7	8.1
	釧路沖	1961. 8.12	7.2
	十勝沖	1962. 4.23	7.1
	択捉島沖（三陸沿岸で津波）	1963.10.13	8.1
	十勝沖地震	**1968. 5.16**	**7.9**
	北海道東方沖地震	1969. 8.12	7.8
	根室半島地震	1973. 6.17	7.4
	浦河沖地震	1982. 3.21	7.1
	釧路沖地震	1993. 1.15	7.5
	北海道南西沖地震（北海道、青森県）	**1993. 7.12**	**7.8**
	北海道東方沖地震	1994.10. 4	8.2
	択捉島付近	1995.12. 4	7.7
	釧路支庁中南部	1999. 5.13	6.3
	根室半島南東沖	2000. 1.28	7.0
	十勝沖地震	**2003. 9.26**	**8.0**
	釧路沖	2004.11.29	7.1
	釧路沖	2004.12. 6	6.9
	留萌支庁南部地震	2004.12.14	6.1
	釧路沖	2005. 1.18	6.4
	十勝沖	2008. 9.11	7.1
	十勝沖	2009. 6. 5	6.4
東北	**三陸地震津波（岩手県）**	**1933. 3. 3**	**8.1**
	宮城県沖地震	1936.11. 3	7.4
	宮城県沖	1937. 7.27	7.1
	福島県東方沖地震（福島県・宮城県）	1938.11. 5. 6	7.5/7.4
	男鹿地震（秋田県）	1939. 5. 1	6.8
	青森県東方沖	1943. 6.13	7.1
	青森県東方沖	1945. 2.10	7.1
	白石地震（福島県）	1956. 9.30	6.0
	チリ地震津波（岩手県、宮城県）	**1960. 5.23**	**9.5**
	宮城県北部地震	1962. 4.30	6.5
	宮城県沖地震	1978. 6.12	7.4
	日本海中部地震（秋田県）	**1983. 5.26**	**7.7**
	三陸はるか沖地震（青森県）	1994.12.28	7.6
	秋田県内陸南部	1996. 8.11	6.1
	岩手県内陸北部地震	1998. 9. 3	6.2

157

地域	地震名	発生年月日	マグニチュード
	青森県東方沖	2001. 8 .14	6.4
	青森県東方沖	2002.10.14	6.1
	宮城県沖	2002.11. 3	6.3
	三陸南地震・東北地震（岩手県、宮城県）	2003. 5 .26	7.1
	宮城県北部地震	2003. 7 .26	6.4
	三陸沖	2005.11.15	7.1
	宮城県南部地震	2005. 8 .16	7.2
	宮城県沖	2005.12.17	6.1
	岩手・宮城内陸地震	2008. 6 .14	7.2
	岩手県沿岸北部	2008. 7 .24	6.8
	関東大地震	**1923. 9 . 1**	**7.9**
	丹沢地震（神奈川県）	1924. 1 .15	7.3
	西埼玉地震	1931. 9 .21	6.9
	今市地震	1949.12.26	6.4
	小笠原諸島西方沖	1951. 7 .12	7.2
	房総沖地震	1953.11.26	7.4
関	八丈島東方沖地震	1972.12. 4	7.2
	千葉県東方沖地震	1987.12.17	6.7
	東海道はるか沖	1993.10.12	6.9
	鳥島近海	1998. 8 .20	7.1
	千葉県北東部	2000. 6 . 3	6.1
東	父島付近	2000. 3 .28	7.6
	新島・神津島・三宅島近海 （約1ヶ月後に三宅島が噴火）	2000. 7 . 1〜8.18	6.5/6.3
	鳥島近海	2000. 8 . 6	7.3
	千葉県北東部 千葉県北西部 茨城県沖 茨城県沖	2005. 4 .11 2005. 7 .23 2005.10.19 2008. 5 . 8	6.1 6.0 6.3 7.0
	北伊豆地震（静岡県）	1930.11.26	7.3
	静岡地震	1935. 7 .11	6.4
	長野地震	1941. 7 .15	6.1
中	三河地震（愛知県、三重県）	1945. 1 .13	6.8
	北美濃地震（岐阜県）	1961. 8 .19	7.0
	静岡県	1965. 4 .20	6.1
部	伊豆半島沖地震	1974. 5 . 9	6.9
	伊豆大島近海地震	1978. 1 .14	7.0
	長野県西部地震	1984. 9 .14	6.8
	駿河湾地震	2009. 8 .11	6.5

（参考資料）　関東大震災以降に発生した全国の主な地震

地域	地　震　名	発生年月日	マグニチュード
北陸	能登半島	1933. 9 .21	6.0
	福井地震	1948. 6 .28	7.1
	大聖寺沖地震（石川県）	1952. 3 .7	6.5
	新潟地震	**1964. 6 .16**	**7.5**
	石川県西方沖	2000. 6 .7	6.2
	新潟県中越地震	2004.10.23	6.8
	能登半島地震	2007. 3 .25	6.9
	新潟県中越沖地震（新潟県、長野県）	2007. 7 .16	6.8
近畿	北但馬地震（兵庫県）	1925. 5 .23	6.8
	北丹後地震（京都府）	1927. 3 .7	7.3
	河内大和地震（大阪府、奈良県）	1936. 2 .21	6.4
	東南海地震（三重県沖）	**1944.12.7**	**7.9**
	吉野地震（奈良県）	1952. 7 .18	6.7
	兵庫県南部地震	**1995. 1 .17**	**7.3**
	紀伊半島沖	2004. 9 .5	7.1
	紀伊半島南東沖地震（奈良県、和歌山県、三重県）	2004. 9 .5	7.4
中国・四国	鳥取地震	1943. 9 .10	7.2
	南海地震（和歌山県沖〜四国沖）	**1946.12.21**	**8.0**
	和歌山県南東沖	1948. 4 .18	7.0
	山口県北部	1997. 6 .25	6.6
	鳥取県西部地震	2000.10. 6	7.3
	芸予地震（広島県）	2001. 3 .24	6.7
九州	日向灘	1931.11. 2	7.1
	東シナ海（宮古島で2m前後の津波）	1938. 6 .10	7.2
	日向灘	1941.11.19	7.2
	与那国島近海	1947. 9 .27	7.4
	宮崎県沖	1961. 2 .27	7.0
	えびの地震（宮崎県、鹿児島県）	1968. 2 .21	6.1
	日向灘地震	1968. 4 .1	7.5
	日向灘	1987. 3 .18	6.6
	鹿児島県薩摩地方	1997. 3 .26	6.6
	鹿児島県薩摩地方	1997. 5 .13	6.4
	石垣島南方沖地震	1998. 5 .4	7.7
	与那国島近海	2001.12.18	7.3
	福岡県西方沖地震（福岡県、佐賀県）	2005. 3 .20	7.0
	大分県西部	2006. 6 .12	6.2

＊参考資料：気象庁「過去の地震・津波被害」、内閣府防災情報「我が国の地震対策の概要」
＊＊太字は大きな被害をもたらした地震（筆者）

■ 索 引 ■

あ 行

延焼防止効果·············· *58, 61, 70, 81*

か 行

囲い込み住宅················ *115, 126*
官　邸············· *9, 39, 41, 42*
官邸非常参集システム·············· *40*
関東大震災······ *1, 8, 17, 39, 53, 56-59,*
　　　　　　61, 75, 92, 125, 141, 142, 143
気象庁··························· *38*
北　区·················· *11, 12, 14*
共同建替事業············· *111, 112, 113*
緊急災害対策本部········· *25, 27-29,*
　　　　　　　　　　36, 39-41, 92
緊急(通行)車両··········· *44, 46-48,*
　　　　　　　　　　　120, 121
緊急消防援助隊·················· *50*
緊急防災活動······ *23, 38, 40-42, 44, 46,*
　　　　　　120, 149, 150, 154, 155
警察····························· *26*
警察庁························ *35, 41*
原状回復・公共施設追加型········ *101,*
　　　　　　　105, 123, 148, 150, 152
建築基準法················ *6, 34, 137*
建築基準法第84条····· *78-80, 123-125,*
　　　　　　　　133, 136, 146
建築物の耐震改修の促進に関する
　　法律·························· *65*
広域危機管理型········ *101, 105, 115,*
　　　　　　　122, 123, 126, 150
広域緊急援助隊·················· *49, 50*
広域集中体制···················· *38, 48*
広域消防援助隊················· *49, 50*
公園率··························· *61*
公助・共助・自助·················· *8*
神戸市···· *78, 84, 85, 89, 90, 96, 97, 109,*
　　　　112, 118, 123, 126, 145, 148, 151
神戸市震災復興緊急整備条例······ *134*
神戸市地域防災計画·············· *111*
神戸市復興計画················ *97, 105*
国土庁·················· *31, 41, 129, 130*
国土庁長官·················· *36, 37, 38*
コミュニティ防災型······ *101, 105, 115,*
　　　　　　　　　　123, 126, 150

さ 行

災害緊急事態の布告········· *28, 29, 39*
災害対策基本法······· *17, 22, 23, 28, 37,*
　　　　　　　　39, 40, 46, 47, 148
災害対策本部··················· *29, 48*
災害対策要員··················· *29*
自衛隊··········· *9, 40, 41, 44, 46, 48, 49*
自衛隊出動····················· *50*

161

市街地再開発・・・・・・・・・・・・・・・・・・・・・・・153
市街地再開発事業・・・・・・・・75-77, 79, 80,
　　83, 85, 86, 95, 100, 101, 104, 124,
　　126, 133, 134, 137, 140, 146, 147, 154
地震保険・・・・・・・・・・・・・・・・・・・・・・・・・・・・・7
自主派遣・・・・・・・・・・・・・・・・・・・・・・・46, 49
「自助」,「共助」,「公助」・・・・・・・・・・・・・・23
事前復興計画・・・・・・・126, 130-132, 140,
　　144, 147, 148, 152-154
市町村災害対策本部・・・・・・・・・・・・・・・・・25
市町村地域防災計画・・・・・・・・26, 29, 51
市町村防災会議・・・・・・・・・・・・・・・・25-27
住宅の耐震化・・・・・・・・・・・・・・・・・・・・・・65
準防火地域・・・・・・・・・・・・・・・58, 59, 61
消　防・・・・・・・・・・・・・・・・・・・・・・・・・・・・26
情報収集連絡システム・・・・・・・・・・・・・・25
消防庁・・・・・・・・・・・・・・・・・・・・・・・・35, 41
消防法・・・・・・・・・・・・・・・・・・・・6, 18, 22
初　動・・・・・・・・・・・・・・・・・・・・・・・・33, 40
初動体制・・・・・・・・・・・・・・・・・・・・・・33, 38
震災復興緊急整備条例・・・・・・・・・・・・・・78
震災復興グランドデザイン
　・・・・・・・・・・・・・・・・・・・・・・・134-136, 138
震災復興市街地・住宅整備の基本
　方針・・・・・・・・・・・・・・・・・・・・・・・・78, 79
震災復興促進区域・・・・・・・・・・・・・・78, 79
震災復興都市づくり特別委員会・・・・・10
震災復興土地区画整理事業
　・・・・・・・・56, 90, 109, 112, 126, 145, 152
震災復興土地区画整理事業地区・・・102,
　　111, 112

迅速性の原則・・・・・・・76, 80, 84, 101, 115,
　　123, 124, 142, 145
新長田駅周辺地区・・・・・・・・・・・・・・・・・146
新長田地区・・・・・・・・・・・・・・・・・63, 102, 104
推定死亡時刻別死亡者数・・・・・・・・・・・・・9
須磨区・・・・・・・・・・・・・・・・・・11, 12, 14, 59
戦災復興計画・・・・・・・・・・・・・・・・・・・・・・75
戦災復興土地区画整理事業・・・・・16, 56,
　　58, 59, 61, 62, 102, 126, 141, 145, 146,
　　152
即時・多角的情報収集と情報集中・・・38

た　行

耐震改修・・・・・・・・・・・・・・・・・8, 65-67, 153
耐震診断・・・・・・・・・・・・・・・・・・8, 66, 153
鷹取地区・・・・・・・・・・・・・・・・・・・・・63, 102
鷹取東地区・・・・・・・・・・・・・・・・・・・・・・146
垂水区・・・・・・・・・・・・・・・・・・・・11, 12, 14
地域防災計画・・・・・・・・・・・・23, 105, 118,
　　121, 130, 140
地区計画・・・・・・・・・・・・・・・80, 87, 95, 96,
　　100, 133, 134, 146
地方公共団体主義・・・・・・・・・・26, 39, 40
中央区・・・・・・・・・・・・・・・・・・11, 12, 14, 59
中央防災会議・・・・・・・・・・・・・・・・25-27, 50
中央防災無線・・・・・・・・・・・・・・・・・・31, 42
中央防災無線綱・・・・・・・・・・・・・・・・・・・30
DIS・・・・・・・・・・・・・・・・・・・・・・・・9, 73, 74
帝都震災復興計画・・・・・・・・・・・・・・・・・143
帝都復興計画・・・・・・・・・・・・・・・・・・・・144
東海地震・・・・・・・・・・・・・・・・・・・・・・・・・・6

162

索　引

東部新都心地区 …………………… *104*
東部新都心土地区画整理事業 …… *115*
東部新都心土地区画整理事業区域
　………………………………… *116*
道路率 ……………………………… *61*
特別都市計画法 …………………… *56*
土地区画整理事業 …… *16, 19, 58, 75-77,*
　79-81, 83, 85, 86, 95, 100-102,
　104, 105, 124-126, 133, 134, 136, 137,
　140, 143, 146, 147, 150, 152-154
土地区画整理事業計画 …………… *89*
土地区画整理事業制度 …………… *138*
都道府県災害対策本部 …………… *25*
都道府県地域防災計画 ……… *26, 29, 51*
都道府県防災会議 ……………… *25-27*

な　行

内閣官房危機管理チーム ……… *40, 41*
内閣機能の強化 ………………… *38, 44*
内閣情報室 ……………………… *40, 41*
内閣総理大臣 …… *28, 29, 36, 38-41, 93*
長田区 …………………… *11, 12, 14, 59*
灘　区 …………………… *11, 12, 14, 59*
西　区 …………………………… *14*
二段階都市計画論 ………… *85-87, 90,*
　123, 125

は　行

阪神・淡路震災復興計画（ひょうご
　フェニックス計画）の構想 ……… *96*
阪神・淡路大震災 ……… *1, 2, 6-10, 16,*
　23, 27, 33, 34, 36, 38-42, 44, 46,
　48, 50, 51, 53, 56-58, 61, 65, 73,
　76, 84, 85, 92, 102, 115, 127,
　136, 141, 145, 147-149, 153
阪神・淡路大震災復興の基本方針
　及び組織に関する法律 ……… *78, 92*
阪神・淡路地域の復旧・復興に向け
　ての考え方と当面講ずべき施策
　………………………………… *94, 95*
阪神・淡路復興委員会 … *83, 92-95, 98*
阪神・淡路復興対策本部 ……… *83, 92,*
　94, 95
東灘区 …………………… *11, 12, 14, 59*
被災市街地復興特別措置法 …… *76, 95,*
　111, 124, 133, 136, 150
被災抵抗力 … *56, 76, 81, 82, 102, 105,*
　124, 147
被災抵抗力の原則 ………… *76, 81, 82*
非常災害対策本部 ………… *25, 27-29,*
　36, 37, 39
非常災害対策要員 ……………… *30, 45*
非常参集 ………………………… *39, 44*
非常参集システム …………… *25, 27, 29*
兵庫区 …………………… *11, 12, 14, 59*
兵庫県 …………………… *85, 96, 97, 118*
兵庫県南部地震（阪神・淡路大震
　災）緊急対策本部 …………… *36-38*
復興計画 ………………… *75, 76, 82-85,*
　87, 90, 92-96, 98, 102, 105, 109,
　123-126, 128, 129, 140, 142-148, 152
防火地域 …………………… *58, 59, 61*

163

防火地区 …………………… *53, 54, 59*
防災基本計画 ……… *23, 25, 26, 31, 50,*
　　　　　　　　　　51, 105, 118, 129
防災行政無線 ………………… *42, 48*
防災業務計画 …………… *23, 25, 51*
防災拠点構想 ………… *82, 104, 125*
防災緊急活動 ………………… *121, 122*
防災生活圏 …………… *105, 107-109,*
　　　　　　　　　　116, 139, 140
防災対策 …………… *8, 22, 23, 25, 26,*
　　　　　　　　　　40, 41, 51, 127

ま　行

まちづくり協議会 … *85, 87, 90, 123, 151*
　――の組織化 …………………… *137*

松本地区 ………………… *63, 102, 146*
御菅地区 ………………… *63, 102, 146*
密集市街地における防災街区の整
　備の促進に関する法律（密集市
　街地法）………………… *67, 70, 71, 73*
木造住宅密集市街地 …… *65, 128, 140,*
　　　　　　　　　　147, 152-154
森南地区 ………………… *63, 102, 146*

ら　行

六甲道駅周辺地区 ………………… *146*
六甲道駅南震災復興第二種市街地
　再開発事業 ……………………… *110*
六甲道地区 ……………… *63, 102, 104*

〈著者紹介〉

三井 康壽（みつい やすひさ）

政策研究大学院大学客員教授
工学博士（東京大学）
1963年東京大学法学部卒業。建設省入省。同省都市局都市計画課，区画整理課を経て熊本県政策審議員（天草大災害復興担当），1992年建設省住宅局長，1995年国土事務次官兼総理府阪神・淡路復興対策本部事務局長，2000年建設経済研究所理事長

著書

「都市計画法の改新」『土地問題講座③土地法制と土地税制』（共著，1971年，鹿島出版会）
『防災行政と都市づくり』（2007年，信山社）

〈現代選書2〉

大地震から都市をまもる

2009（平成21）年9月10日　第1版第1刷発行

著　者　三　井　康　壽
発行者　今　井　　　貴
発行所　㈱信　山　社
〒113-0033 東京都文京区本郷6-2-9-102
電　話　03（3818）1019
FAX　03（3818）0344
info@shinzansha.co.jp
出版契約 No.3282-0101　printed in Japan

Ⓒ三井康壽, 2009. 印刷・製本／亜細亜印刷・渋谷文泉閣
ISBN978-4-7972-3282-0　C3332
3282-012-022-020-002：P1800E
NDC 分類323.936

「現代選書」刊行にあたって

　物量に溢れる、豊かな時代を謳歌する私たちは、変革の時代にあって、自らの姿を客観的に捉えているだろうか。歴史上、私たちはどのような時代に生まれ、「現代」をいかに生きているのか、なぜ私たちは生きるのか。

　「尽く書を信ずれば書なきに如かず」という言葉があります。有史以来の偉大な発明の一つであろうインターネットを主軸に、急激に進むグローバル化の渦中で、溢れる情報の中に単なる形骸以上の価値を見出すため、皮肉なことに、私たちにはこれまでになく高い個々人の思考力・判断力が必要とされているのではないでしょうか。と同時に、他者や集団それぞれに、多様な価値を認め、共に歩んでいく姿勢が求められているのではないでしょうか。

　自然科学、人文科学、社会科学など、それぞれが多様な、それぞれの言説を持つ世界で、その総体をとらえようとすれば、情報の発する側、受け取る側に個人的、集団的な要素が媒介せざるを得ないのは自然なことでしょう。ただ、大切なことは、新しい問題に拙速に結論を出すのではなく、広い視野、高い視点と深い思考力や判断力を持って考えることではないでしょうか。

　本「現代選書」は、日本のみならず、世界のよりよい将来を探り寄せ、次世代の繁栄を支えていくための礎石となりたいと思います。複雑で混沌とした時代に、確かな学問的設計図を描く一助として、分野や世代の固陋にとらわれない、共通の知識の土壌を提供することを目的としています。読者の皆様が、共通の土壌の上で、深い考察をなし、高い教養を育み、確固たる価値を見い出されることを真に願っています。

　伝統と革新の両極が一つに止揚される瞬間、そして、それを追い求める営為。それこそが、「現代」に生きる人間性に由来する価値であり、本選書の意義でもあると考えています。

2008年12月5日　　　　　　　　　　　　　　　信山社編集部